普通高等教育"十五"国家级规划教材

水利工程监理

主 编 张 华
副主编 胡 焜

中国水利水电出版社
www.waterpub.com.cn

内 容 提 要

本书是根据普通高等教育"十五"国家级规划教材的编写要求，并结合高职高专教育人才培养模式及课程体系的改革，以富有时代特色、适用、先进、实用为目标进行编写的。

教材内容以应用为主线，内容的选择考虑了课程教学特点与执业资格考试特点的结合，重点突出了施工阶段的监理，力求反映我国当前水利工程监理现状，主要介绍了项目立项、可行性研究、招标投标、设计、施工、竣工验收各环节中技术、经济与管理知识的运用；项目实施过程中的组织管理体制、建设程序、参与项目实施的各方关系的协调；施工阶段投资、进度、质量控制的方法和内容；水利工程建设合同管理及施工索赔等内容。全书共分十二章，包括：绪论、建设项目与建设监理制、建设监理单位与监理人员、监理规划、建设监理组织、工程设计监理、施工招标阶段的监理、施工阶段投资控制、施工阶段进度控制、施工阶段质量控制、水利工程建设合同管理、施工索赔等。书中各章之后都附有习题，而且在多章安排了案例分析，既便于教学，又便于应用，可为学生毕业后顺利通过监理工程师执业资格考试做好知识储备。

本书可作为水利水电工程建筑、施工、农田水利等水利类专业高等学校《水利工程监理》课程的教学用书，也可供相关专业工程技术人员参考。

出 版 说 明

为加强高职高专教育的教材建设工作，2000 年教育部高等教育司颁发了《关于加强高职高专教育教材建设的若干意见》(教高司 [2000] 19 号)，提出了"力争经过 5 年的努力，编写、出版 500 本左右高职高专教育规划教材"的目标，并将高职高专教育规划教材的建设工作分为两步实施：先用 2 至 3 年时间，在继承原有教材建设成果的基础上，充分汲取近年来高职高专院校在探索培养高等技术应用性专门人才和教材建设方面取得的成功经验，解决好高职高专教育教材的有无问题；然后，再用 2 至 3 年的时间，在实施《新世纪高职高专教育人才培养模式和教学内容体系改革与建设项目计划》立项研究的基础上，推出一批特色鲜明的高质量的高职高专教育教材。根据这一精神，有关院校和出版社从 2000 年秋季开始，积极组织编写和出版了一批"教育部高职高专规划教材"。这些高职高专规划教材是依据 1999 年教育部组织制定的《高职高专教育基础课程教学基本要求》(草案) 和《高职高专教育专业人才培养目标及规格》(草案) 编写的，随着这些教材的陆续出版，基本上解决了高职高专教材的有无问题，完成了教育部高职高专规划教材建设工作的第一步。

2002 年教育部确定了普通高等教育"十五"国家级教材规划选题，将高职高专教育规划教材纳入其中。"十五"国家级规划教材的建设将以"实施精品战略，抓好重点规划"为指导方针，重点抓好公共基础课、专业基础课和专业主干课教材的建设，特别要注意选择一部分原来基础较好的优秀教材进行修订使其逐步形成精品教材；同时还要扩大教材品种，实现教材系列配套，并处理好教材的统一性与多样化、基本教材与辅助教材、文字教材与软件教材的关系，在此基础上形成特色鲜明、一纲多本、优化配套的高职高专教育教材体系。

普通高等教育"十五"国家级规划教材（高职高专教育）适用于高等职业学校、高等专科学校、成人高校及本科院校举办的二级职业技术学院、继续教育学院和民办高校使用。

教育部高等教育司

2002 年 11 月

前　言

　　由于水利工程建设项目的复杂性、艰巨性，推行建设监理制对加强工程建设管理，控制工程质量、工期、造价，提高经济效益，具有十分重要的作用。建设监理的实施需要大量高素质、多层次的监理人才，高职高专教育就是培养和造就适应生产、建设、管理、服务第一线需要的高等技术应用性人才，而能够满足这一培养层面的以培养技术应用能力为主的《水利工程监理》教材不多，对此，我们编写了这本教材，力求体现时代特色、行业特色和高职高专教育特色。

　　本教材的指导思想是：紧密结合人才培养模式的改革，针对高职高专学生的特点和认识规律，以符合水利工程监理的发展和教学改革的要求确定本书的内容。在结构上突破了水利工程建设监理培训教材编写模式，对于建设监理的基本理论、发展方向及近年来我国实行建设监理制的实践经验进行了简明扼要的论述，以"必需、够用"为度，重点突出了施工阶段的工程监理，通过列举集实践性、启发性、针对性、综合性于一体的多种工程建设案例，培养学生实战能力及严谨、求实的科学态度，且有助于他们形成良好的职业态度和职业道德。全书以现行水利部颁发的有关法规性文件为主要依据，注重理论与实践相结合和对本行业方针政策的掌握。教材的编写既考虑了学校人才培养自身的特点，更考虑了社会对人才的需要，即将国家职业资格的技能要求与理论要求融入到教材中去，使学校教育真正符合社会需求，使学生通过掌握基础理论知识，具备一定的现场监理能力，并具有进一步通过自学获取本学科知识的学习能力，增强可持续发展。

　　本教材的编写借鉴了前人的工作，融会编者多年的教学经验，编写提纲经编写小组集体讨论制定，由南昌水利水电高等专科学校张华副教授担任主编，黑龙江水利专科学校胡□高级工程师担任副主编，编写的人员有：南昌水利水电高等专科学校张华编写了绪论、第六、七、十、十一章，黑龙江水利专科学校胡□编写了第五、八、九章，南昌水利水电高等专科学校王锋编写了第一、二章，广东水利电力职业技术学院曾波编写了第三、四章。全书由张华负责统稿、修改，河北工专顾鼎仁教授主审，顾教授对教材送审稿认真审阅，对教材内容的取舍及教材的编写都提出了宝贵意见，在此表示衷心感谢。

由于作者水平有限，不足之处，敬请各位专家和读者批评指正。

作　者

2003 年 11 月

目 录

绪　　论

随着经济的发展，我国每年投入大量的资金用于基本建设，其中水利工程投资占固定资产投资的比重相当大。水利工程是除水害兴水利的一种有效措施，对改造自然，造福人类起着较大的作用。水利工程与一般土建工程相比，其建设周期长、工程复杂、投资额巨大。水利工程质量的好坏，不仅对工程本身有极大影响，而且一旦出现问题，严重的将会危及国家和人民的生命财产安全。水利工程建设领域推行工程建设监理制，对加强水利工程建设管理，控制工程质量、工期、造价，提高经济效益等方面，具有十分重要的意义。

我国自 1988 年开始，在建设领域推行工程建设监理制，这是我国工程建设管理体制的重大改革，是市场经济发展的必然结果和实际需要。工程建设监理是一门融工程勘察设计、工程经济、工程施工、项目组织、民事法律与建设管理各种学科于一体的项目管理科学，即工程建设监理是工程项目实施过程中一种行之有效的科学的管理制度。它把工程项目的管理纳入了社会化、专业化、法制化的轨道。实行工程建设监理制，目的在于提高工程建设的投资效益和社会效益，这项制度已经纳入《中华人民共和国建筑法》的规定范畴。

我国的工程建设监理，简称工程监理，在《中华人民共和国建筑法》中称为建筑工程监理，主要是考虑在文字表述上与法名和总则相一致，建设领域结合各行业又有水利工程监理、公路工程监理、水保监理、移民监理、环境监理等之分。

一、建设监理的历史沿革

对工程建设活动进行管理是一项专业性很强的工作。对于工程项目法人（项目业主）而言，他们通常缺乏工程建设方面的专业知识，缺乏工程项目管理方面的经验，因此，需委托社会监理为其提供专业化的项目管理服务，这就是工程建设监理的基本思想。

建设监理制度历史悠久，其起源可追溯到 16 世纪前的欧洲，建筑师受业主聘用，负责设计、采购材料、雇用工匠，并组织管理工程施工，起总营造师的作用。16 世纪后，随着社会对建筑技术的要求不断提高，传统的建筑师队伍出现了专业分工，一部分建筑师转向社会传授技艺，为业主提供建筑咨询、工程管理等服务，建设监理应运而生，但其业务范围仅限于施工过程中的质量监督、计算工程量和验方。

进入 18 世纪 60 年代，社会上大兴土木带来了建筑业的空前繁荣，技术日趋复杂，工程建设规模不断扩大，建设监理的必要性逐步为人们所认识。19 世纪初，总承包制度的实行，导致了招标交易方式的出现，促进了建设监理的发展，帮助业主计算标底，协助招标，控制工程投资、进度、质量，进行合同管理以及项目的组织和协调等，使建设监理业务范围进一步扩充。

20 世纪 50 年代末和 60 年代初，由于科学技术的发展，工业和国防建设以及人民生活水平不断提高，需要建设许多大型、巨型工程，如水利工程、航天工程、大型钢铁企业、石油化工企业以及新型城市开发等，这些工程投资多、规模大、技术复杂，无论对投资者还是承建者都难以承担由于投资不当或项目管理失误而造成的损失。巨大的风险迫使业主重视项目的科学决策，建设前期可行性研究得到了广泛应用，帮助业主进行决策分析，使建设监理的业务范围由项目实施阶段向前延伸至项目决策阶段，建设监理工作贯穿于建设活动的全过程。

进入 20 世纪 70 年代后，西方发达国家对建设监理的内容、方法以及从事监理的社会组织以法规的形式做了详尽的规定，使建设监理向制度化、程序化、法制化方向发展。工程建设活动中形成了业主、承包商和监理工程师三足鼎立的基本格局。80 年代后，建设监理制度在国际上有了很大的发展，一些发展中国家结合国情开展建设监理活动，世界银行的贷款条件之一就是要实行建设监理制和招标投标制，工程建设监理国际化，并已形成了国际惯例。例如国际咨询工程师联合会汇编的土木工程施工合同条件（即 FIDIC 条件），已被国际工程承包市场普遍认可和采用，为建设监理制度的规范化和国际化起到了重要作用。

二、我国建设监理制度的缘起

我国的建设监理制度，起因对于我国传统工程建设管理体制的反思。长期以来我国实行计划经济体制（新中国成立初期至 70 年代末），建设投资是国家无偿拨给，建设任务是行政分配，主要建材是按计划供给，建设单位、施工单位和设计单位是被动地接受任务。建设单位不仅负责组织设计、施工、申请材料设备，还直接承担了工程建设的监督和管理职能，政府只采取单项的行政监督。其弊端是在工程建设过程中，不进行费用盈亏核算，为保进度，不顾投资的多少和对质量目标会造成多大的冲击。工程质量的好坏，往往取决于企业领导的质量意识，当工期、产量与质量要求产生矛盾时，往往牺牲质量。这种缺乏专业化、社会化的建设项目管理体制给工程建设带来的不良后果是，工程项目建设始终处于低水平管理状态，工程建设项目投资、进度、质量严重失控。因此，改革传统的建设项目管理体制，建立一种新型的、适应市场经济和生产力发展的建设项目管理体制成为必然趋势。

虽然早在 80 年代初，我国基本建设就引进了竞争机制，投资开始有偿使用，建设任务逐步实行招标承包制，工程建设监督已转向政府专业质量监督与企业的自检相结合，但是政府的专业质量监督无法对建设工程不间断、全方位进行监督管理，建筑市场还不规范，约束机制尚不完善。如招标投标工作中，存在规避招标、假招标和工程转包现象，各种关系工程、人情工程、领导工程和地方保护工程等，导致施工偷工减料，投资失控，质量下降，给工程安全留下隐患。因此，仅有竞争机制，没有约束机制，这种改革是不完善、不匹配的，改革的深化呼唤着建设监理制的诞生。

随着改革开放的深入发展，我国传统的建设项目管理体制缺少监理这个环节，难与国际通行的管理体制相衔接。因为涉外工程往往要求按照国际惯例实行监理，世界银行等国际金融组织都把实行建设监理制作为提供贷款的必要条件之一，实行建设监理制度，能够改善吸引外资环境。如果没有自己的监理人员，涉外工程就要聘请外国监理人员，需向每人每月支付 6～10 万元外汇人民币。据有关资料估计：从 1979～1988 年仅支付监理费就达 15～20 亿美元，京津唐高速公路是世界银行贷款项目，聘了 5 名丹麦监理工程师，3年支付监理费 135 万美元。多年来，我国有许多建筑队伍进入了国际建筑市场，由于缺乏监理知识和被监理的经验，结果不该罚的被罚了，而该索赔的又没要。因此，实行建设监理制是扩大对外开放和与国际接轨的需要。

三、我国建设监理制度的发展

我国的建设监理制度是参照国际惯例，并结合国情而建立起来的。由国家计委和建设部共同负责推进建设监理事业的发展，建设部归口管理全国工程建设监理工作，水利部主管全国水利水电工程建设监理工作。

根据我国推行工程建设监理的部署，建设监理的实施过程就是其发展过程。1988 年 7月建设部发出《关于开展建设监理工作的通知》，在北京等 8 个城市和交通、能源两部的公路和水电系统开展监理试点工作，标志着我国工程建设监理进入第一阶段，即试点阶段（1988～1992 年）。建设部相继制定了一套监理队伍的资质管理与培训制度、监理取费的规定和工程建设监理规定，水利部也先后颁发了一系列法规性文件，监理试点工作得到迅速发展。1993 年 3 月 18 日，中国建设监理协会成立，我国建设监理行业初步形成。1993年 5 月，建设部召开第五次全国建设监理工作会议，会议分析了全国建设监理工作的形势，总结了经验，并决定建设监理进入第二阶段，即稳步发展阶段（1993～1995 年）。此后，全国大型水电工程、铁路工程、大部分国道和高等级公路工程全部实行了监理，并形成了一支具有较高素质的监理队伍，监理工作取得了很大的发展。1995 年 12 月，建设部召开了第六次全国建设监理工作会议，并配合出台了《工程建设监理规定》和《工程建设监理合同示范文本》，进一步完善了我国的建设监理制。1996 年建设监理工作进入第三阶段，即全面推行阶段（1996 年至今），1997 年 11 月，全国人大通过的《中华人民共和国建筑法》载入了建设监理的内容，使建设监理在建设体制中的重要地位得到了国家法律的保障，水利部也制定了建设监理法规和实施细则，形成了上下衔接的法规体系。

我国水电工程项目实行监理制较早，云南鲁布革水电站引水隧洞工程是我国第一个利用世界银行贷款的水利工程。它采用国际招标方式，并按国际惯例进行合同管理，实行建设监理制。随后隔河岩、漫湾、水口、岩滩、广州抽水蓄能、二滩、小浪底、三峡等水电工程项目中实行了监理制，积累了丰富的监理工作经验，取得显著的经济效益和社会效益。鲁布革水电站的监理模式是建设单位自行监理，广州抽水蓄能电站是委托社会监理单位实施监理，小浪底水利枢纽工程全面实行了项目法人负责制、招标投标制、建设监理制，与国际工程管理实现了全方位的接轨。

如果说鲁布革水电工程的尝试，广州抽水蓄能水电工程的探索，小浪底水电工程的接轨，为我国水利水电建设管理改革提供了成功的经验。那么水利部 1999 年 11 月出台的《水利工程建设监理规定》、《水利工程建设监理单位管理办法》和《水利工程建设监理人员管理办法》，2000 年 2 月颁布的《水利水电工程施工合同和招标文件示范文本》、《水利工程建设监理合同示范文本》和 2002 年颁发的《水利工程建设项目招标投标管理规定》。无疑从更高层次上为我国水利水电建设管理体制的改革指明了方向，提供了可借鉴、可操作的模式，使水利工程建设监理有章可循，有法可依，正步入规范化、制度化的轨道。

目前全国已形成了一支素质较高、规模较大的监理队伍。据统计，到 2001 年，全国有水利工程监理单位 162 个，其中甲级监理单位 62 个，乙级监理单位 42 个，丙级监理单位 58 个，监理工程师 16800 余名。水利工程招标率有了很大提高，2000 年水利工程施工招标率约为 95％左右，重要设备、材料的采购基本上实行了招标，设计、监理等服务招标已开始试行。在建水利工程项目 90％实行了建设监理，特别是水利枢纽工程、重点堤防工程、河道整治工程基本上实行了建设监理制。水利工程建设项目中稽查制度的建立，对水利工程建设领域的违法违纪行为起到一定遏制作用。工程建设监理在工程建设中发挥着越来越重要的作用，受到了社会的广泛关注和普遍认可。

实行建设监理成效是显著的，但工程建设过程中依然存在管理漏洞。有关调查研究表明，我国的建设监理制仍然处在初级阶段，主要的问题：一是建设监理市场不规范，监理的竞争机制尚未完全形成，系统内同体监理现象大量存在，个别地方甚至存在低资质监理单位越级承担工程项目监理业务的问题；二是监理单位管理水平和监理人员素质不高，多数监理单位尚未独立于母体单位，监理人员不稳定，离退休人员多，缺乏必要的高素质监理人才；三是监理工作在地区间发展不平衡，监理单位和监理工程师队伍分布不合理，不能满足实际工作需要；四是监理工作大多只侧重质量控制，未真正实现投资、进度和质量的全方位监理；五是部分监理人员未做到持证上岗。这些均需要通过增强执法力度或在实践中探索解决，随着我国社会主义市场经济的进一步建立完善，我国建设监理事业必将得到更大的发展。

第一章　建设项目与建设监理制

第一节　建设项目与建设程序

一、建设项目与建设项目管理

（一）项目

1. 项目的含义与特征

所谓项目是指，在一定的约束条件下具有专门组织和具有特定目标的一次性任务。项目的概念有广义与狭义之分。广义的项目概念泛指一切符合项目定义，具备项目特征的一次性事业。如工业生产项目、科研项目、教育项目、体育项目、工程项目等。根据项目的内涵，其具有以下特征：

（1）项目的单件性和一次性。项目一般都有自己的目标、内容和生产过程，其结果只有一个，它不仅不可逆，而且不重复，这是项目区别于非项目活动的一个重要特征。项目的单件性和一次性，决定了其不容易试产，风险很大，并具有一定的生命周期。

（2）项目的目标性。任何项目都具有明确的目标，这是项目的又一个重要特征。项目目标性一般包括项目成果性目标和项目的约束性目标，成果性目标往往取决于项目法人所要达到的目的，比如增加新的固定资产及生产能力。约束性目标也称约束条件，即限定的时间，限定的人力物力资源投入，限定的技术水平要求。项目成果性目标和约束性目标是密不可分的，脱离了约束性目标，成果性目标就难以实现，因而约束性目标是成果性目标实现的前提。

项目目标按层次可分解为总目标、分目标、子目标等，前者以后者为手段，后者以前者为目标，这些相互间有机联系的目标，构成了项目的目标系统。

项目目标按时间可分为阶段性目标，各阶段既有明确的界限、又相互密切联系，各阶段性目标共同服从和受控于总目标，又彼此相互影响和相互制约，并影响着总目标实现。

2. 项目管理

项目管理是指在一定的约束条件下，为达到项目的目标对项目所实施的计划、组织、指挥、协调和控制的过程。每个项目管理都有自己特定的管理程序和管理步骤，并以项目经理为中心进行管理，即实行项目经理负责制。项目经理是企业法人代表在项目上的全权委托代理人，是项目实施的最高责任者和组织者。项目管理最明显的特征是目标明确，并在强调充分授权基础上的个人负责制。

（二）建设项目

1. 建设项目的概念与特征

狭义的项目概念，一般指工程建设项目，简称建设项目。如兴建一座水电站、一个引水工程等，一般均要求在限定的投资额、工期和规定质量标准的条件下，实现项目的目标。建设项目是一种典型的项目，是指按照一个总体设计进行施工，由一个或几个，相互有内在联系的单项工程所组成，经济上实行统一核算、行政上实行统一管理的建设实体。

建设项目具有以下特征：

（1）工程投资额巨大，建设周期长。由于建设产品工程量巨大，尤其是水利工程，在建设期间要耗用大量的劳动、资源和时间，加之施工环境复杂多变，受自然条件影响大，这些因素都无时不在影响着工期、投资和质量。

（2）建设项目是若干单项工程的总体。各单项工程在建成后的工程运行中，以其良好的工程质量发挥其功能与作用，并共同组成一个完整的组织结构，形成一个有机整体，协调、有效地发挥工程的整体作用，实现整体的功能目标。

2. 建设项目管理

建设项目管理是以建设项目为对象，以实现建设项目投资目标、工期目标和质量目标为目的，对建设项目进行高效率的计划、组织、协调、控制的系统的、有限的循环管理过程。建设项目之所以需要进行管理，与建筑产品的特征密切相关。

建设项目的管理者应由参与建设活动的各方组成，即项目法人、设计单位和施工单位等。因其所处的角度不同，职责不同，形成的项目管理类型也不同。

（1）项目法人的建设项目管理。从编制项目建议书至项目竣工验收、投产使用全过程进行管理，为项目法人的建设项目管理。如果委托监理单位进行具体管理，则称为建设监理。建设监理是监理单位受项目法人委托，按合同规定为项目法人服务，并非代表项目法人。

（2）设计单位的建设项目管理。由设计单位进行的项目管理，一般限于设计阶段。

（3）施工单位的建设项目管理。由施工单位进行的项目管理，一般限于施工阶段。

项目法人在进行项目管理时，与设计单位和施工单位的项目管理目标和出发点不同，只有当建设项目管理的主体是项目法人时，建设项目管理目标才与项目目标一致。

3. 建设项目的划分

为了便于工程建设项目管理，建设项目可逐级分解为单项工程、单位工程、分部工程和分项工程。某水电站项目分解如图1-1所示。

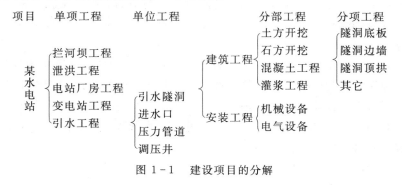

图1-1　建设项目的分解

单项工程是建设项目的组成部分。单项工程具有独立的设计文件，自成独立系统，建成后可以独立发挥设计文件所规定的生产能力或效益。如一所学校的单项工程是指教学楼、图书馆、实验室等。

单位工程是单项工程的组成部分，是指具有单独设计、可以独立作为成本计算对象的工程。例如，某车间是一个单项工程，则其单位工程是指厂房、设备安装、电气照明等。

分部工程是单位工程的组成部分，是按照建筑物部位或施工工种的不同来划分的。如溢流坝的分部工程是指基础开挖工程、混凝土浇筑工程；某厂房的分部工程是指土方、打桩、砖石、混凝土和钢筋混凝土、木结构等。

分项工程是分部工程的组成部分。对于水利水电工程，一般将人力、物力消耗定额基本相近的结构部位归为同一分项工程。如溢流坝的混凝土工程可分解为坝身、闸墩、胸墙、工作桥、护坦等分项工程。

根据 SL176—1996《水利水电工程施工质量评定规程》的规定，进行质量评定时水利水电工程可划分为单位工程、分部工程、单元工程三级。单位工程是指具有独立发挥作用或独立施工条件的建筑物。分部工程是指在一个建筑物内能组合发挥一种功能的建筑安装工程，是组成单位工程的各个部分。单元工程是指分部工程中由几个工种施工完成的最小综合体，是日常质量考核的基本单位。

二、建设程序

（一）建设程序的概念

建设程序是指建设项目从设想、规划、评估、决策、设计、施工到竣工验收、投入生产整个建设过程中，各项工作必须遵循的先后次序的法则，如图 1-2。这个法则是人们在长期的工程实践中总结出来的。它反映了建设工作所固有的客观自然规律和经济规律，是建设项目科学决策和顺利进行的重要保证。不遵循科学的建设程序，就会走弯路，使工程遭受重大损失，这在我国工程建设史上是有深刻教训的。

（二）水利工程项目建设程序

水利工程项目建设程序按《水利工程建设项目管理规定》（水利部水建〔1995〕128号）执行，水利工程项目建设程序一般分为：项目建议书、可行性研究报告、初步设计、施工准备（包括招标设计）、建设实施、生产准备、竣工验收、后评价等阶段。

1. 项目建议书

项目建议书应根据国民经济和社会发展长远规划、流域综合规划、区域综合规划、专业规划，按照国家产业政策和国家有关投资建设方针进行编制，是对拟进行建设项目的初步说明。

项目建议书编制一般由政府委托有相应资格的设计单位承担，并按国家现行规定权限向主管部门申报审批。项目建议书被批准后，即可组建项目法人筹备机构。

2. 可行性研究报告阶段

可行性研究主要是对项目进行方案比较，分析和论证其在技术、经济上是否合理。经过批准的可行性研究报告，是项目决策和进行初步设计的依据。可行性研究报告，由项目法人（或筹备机构）组织编制。项目可行性报告批准后，应正式成立项目法人，并按项目法人责任制实行项目管理。

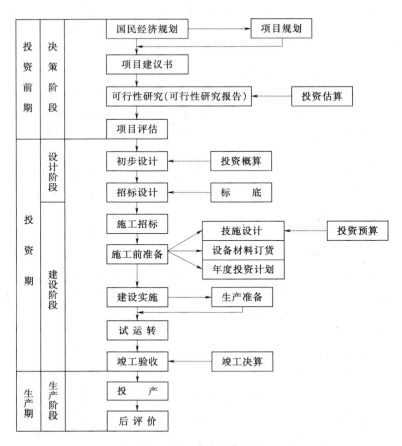

图 1-2　建设程序流程

3. 初步设计阶段

初步设计是根据批准的可行性研究报告和必要而准确的设计资料，对设计对象进行通盘研究，阐明拟建工程在技术上的可行性和经济上的合理性，规定项目的各项基本技术参数，编制项目的总概算。

初步设计文件报批前，一般须由项目法人委托有相应资格的工程咨询机构或组织行业各方面（包括管理、设计、施工、咨询等方面）的专家，对初步设计中的重大问题，进行咨询论证。设计单位根据咨询论证意见，对初步设计文件进行补充、修改、优化。初步设计由项目法人组织审查后，按国家现行规定权限向主管部门申报审批。

4. 施工准备阶段

水利工程项目必须满足如下条件，方可进行施工准备：

（1）初步设计已经批准。

（2）项目法人已经建立。

（3）项目已列入国家或地方水利建设投资计划，筹资方案已经确定。

（4）有关土地使用权已经批准。

（5）已办理报建手续。

在施工准备阶段，需进行技术设计及施工图设计。技术设计是针对初步设计中的重大技术问题进一步开展工作，并编制修正总概算。施工图设计是按照初步设计或技术设计所确定的设计原则、结构方案和控制尺寸，根据建筑安装工作的需要，分期分批地制定出工程施工详图，并编制施工图预算。在水利工程中，一般将技术设计和施工图设计合并成一个阶段进行，统称为技施设计。

项目在主体工程开工之前，必须完成的各项施工准备工作主要包括：

（1）施工现场的征地、拆迁。

（2）完成施工用水、电、通信、路和场地平整等工程。

（3）必须的生产、生活临时建筑工程。

（4）组织招标设计、咨询、设备和物资采购等服务。

（5）组织建设监理和主体工程招标投标，并择优选定建设监理单位和施工承包队伍。

5. 建设实施阶段

建设实施阶段是指主体工程的建设实施，项目法人按照批准的建设文件，组织工程建设，保证项目建设目标的实现。

6. 生产准备阶段

生产准备是施工项目投产前所要进行的一项重要工作。它是基本建设程序中的重要环节，是衔接基本建设和生产的桥梁，是建设阶段转入生产经营的必要条件。

7. 竣工验收

竣工验收是工程完成建设目标的标志，是全面考核基本建设成果、检验设计和工程质量的重要步骤。竣工验收合格的项目即从基本建设转入生产或使用。

对工程规模较大、技术较复杂的建设项目可先进行初步验收。不合格的工程不予验收；有遗留问题的项目，对遗留问题必须有具体处理意见，且有限期处理的明确要求并落实责任人。

8. 后评价

建设项目竣工投产后，一般经过 1～2 年生产运营后，要进行一次系统的项目后评价。项目后评价一般按 3 个层次组织实施，即项目法人的自我评价、项目行业的评价、计划部门的评价。通过建设项目的后评价以达到肯定成绩、总结经验、研究问题、吸取教训、提出建议、改进工作，不断提高项目决策水平和投资效果的目的。

（三）世界银行贷款项目程序

关于发展中国家引进外资的必要性，发展经济学已从不同角度作了大量的论述，许多经济理论认为，发展中国家发展经济的主要障碍就在于国内资金不足。由于发展中国家事实上无力自我根除这一障碍，因而必须利用外资。

世界银行贷款是我国水电建设利用外资最重要的来源。世界银行贷款是指通过财政部转贷给项目单位的复兴开发银行贷款、国际开发协会信贷、技术合作信贷和联合融资等。世界银行于 1980 年恢复我国在世界银行的会员国地位，并于 1982 年正式向我国提供贷款。

我国水电资源极为丰富，开发条件也相当优越，但需要大量的开发资金，由于缺乏资金使得大量水资源不能及早开发和利用。比如，四川二滩水电站就是一个突出的例子，该电站早在 1975 年就开始勘测设计，但修建电站约需百亿元投资，尽管其工程技术经济指标极为优越，由于建设资金不落实，迟迟不能开工。1988 年世界银行承诺为该工程提供总投资 1/3 的外资贷款，贷款宽限期为 9 年，贷款期为 20 年。

世界银行对贷款项目的管理有一套完整的、严密的程序和制度，对其贷款的项目，从开始到完成投产，必须经过项目选定、准备、评估、谈判、实施与监督、总结评价等 6 个阶段。

1. 项目选定阶段

项目选定主要是考察由借款国提出需要优先考虑，并符合世行贷款原则的项目。项目初选确定后，由借款国编制项目选定报告，并送交世界银行进行筛选，选定后即列入世界银行贷款计划。

2. 项目准备阶段

项目准备主要是对项目作可行性研究。可行性研究是对项目建设的必要性、市场调查预测、建设条件、工程技术、实施计划和组织机构等作出估计；进行财务和经济评价，作出风险估计；进行环境影响和社会效益分析，经过多方案比较，推荐最佳方案，编制可行性研究报告。

3. 项目评估阶段

世界银行派出由各种技术、经济专家进行实地考察，全面系统地检查项目准备情况。评估时，从技术、组织、财务和经济等几个方面，对可行性研究报告中提出的规模、资源条件、市场预测、工程技术以及财务、经济分析作出全面评价。

4. 项目谈判阶段

项目评估通过后，世界银行便邀请借款国派代表去华盛顿总部就贷款协定进行谈判。谈判内容不但包括贷款数额和分配比例、费率、支付办法、还贷方式、咨询服务等，更重要的是确定借款国保证项目顺利实施的措施和执行机构。达成协议后，由借款国政府（财政部）出面，签订正式贷款协定，并签署担保协议书（中国银行担保）或出具"外债信"（说明借款国的对外债务情况）；然后由世界银行主管地区项目的副行长签署后报送执行董事会或行长批准；经联合国登记备案后，便正式生效，可以开始提款，进入实施阶段。

5. 项目实施阶段

在项目实施阶段，借款国负责项目的执行和经营，世界银行负责对项目的监督。世界银行一般根据借款国报送的项目进度报告，掌握项目发展情况及借款国对贷款协议各项保证的履行情况，并了解项目的实际执行有否违反协议规定的情况及其原因，以便与借款国商讨解决方法。除通过进度报告掌握项目的情况外，世界银行还不断派出各种高级专家到借款国视察，随时向借款国提出有关施工、调整贷款数额和付款方法的意见，并逐年提出"监督项目执行情况报告书"。

6. 项目总结评价阶段

项目开始投产后 1 年左右，世界银行要对项目进行全面总结，并作出初步评价，总结评价的目的，在于吸取经验教训，为今后执行同类项目积累经验；同时，也是对借款国在实施项目中成绩优劣的评价和使用世界银行贷款能力的考核。

世界银行对贷款项目的这套程序和管理办法比较科学、严谨，投资前期工作做得比较深透，所以世界银行贷款项目的成功率很高，很少失误。

三、建设项目管理体制

我国的项目建设管理体制与私有制国家是不同的，私有制国家绝大多数项目为私人项目法人投资，国家对建设项目的管理主要是对项目的"公共利益"的监督管理，而我国政府除了对项目"公共利益"的监督管理外，对建设项目的经济效益、建设布局和对国民经济发展计划的适应性等，都要进行严格的审批，可见，我国的建设项目管理体制与私有制国家是有区别的。

（一）改革开放前我国的建设项目管理体制

改革开放前我国的建设项目管理体制经历了自营制、指挥部制、投资包干责任制等阶段。新中国成立初期及以后相当长的时期普遍采用的是自营制方式，建设项目管理实行首长（或党委）负责制，行政命令主宰一切。在大跃进期间及其后，随着基建规模的扩大，大中型项目的建设采取以军事指挥的方式组织项目建设活动，即指挥部制。项目建设的指挥层由地方和中央复合构成，由于其不承担决策风险，对投资的使用、回收不承担责任，工程指挥部成员临时组成，项目结束后人员解散，这种一次性非专业化管理方式，使得工程项目建设始终处于低水平管理状态，因此对投资、进度和质量难以控制成为必然。随后出现了投资包干责任制，其特点是上级主管部门和承建的施工企业签订投资包干合同，规定了项目的规模、资金、工期，有的还列入了奖惩条款，这种体制明显优于自营制和指挥部制。但由于施工企业仍然一切依赖国家，这种模式仍摆脱不了自营制的根本缺陷。这些传统的工程项目管理体制由于自身的先天不足，使得我国工程建设的水平和投资效益长期得不到提高，投资失控、工期拖长、质量下降等问题无法从根本上得到解决。

（二）当前我国建设项目管理体制的基本格局

随着社会主义市场经济体制的建立和发展，传统的建设与管理模式的弊端日趋显现。我国在工程建设领域进行了一系列的重大改革，从以前在工程设计和施工中采用行政分配、缺乏活力的计划管理方式，而改变为由项目法人为主体的工程招标发包体系，以设计、施工和材料设备供应为主体的投标承包体系，以建设监理单位为主体的技术咨询服务体系，构筑了当前我国建设项目管理体制的基本格局。

1. 项目法人（业主）责任制

法人是具有权利能力和行为能力，依法独立享有民事权利和承担民事义务的组织。项目法人是建设项目的投资者，项目投资风险的承担者，贷款建设项目的负债者，项目建设与运行的决策者，项目投产或使用效益的受益者，建成项目资产的所有者。项目法人是1994 年提出的，此前称业主。建立、健全水利工程建设项目法人责任制，是推进工程建设管理体制改革的关键。项目法人责任制的前身是项目业主责任制，项目业主责任制是西方国家普遍实行的一种项目组织管理方式。我国实行的项目法人责任制，是建立社会主义市场经济的需要，是转换建设项目投资经营机制、提高投资效益的一项重要改革措施。项目法人责任制的主要职责是：对项目的策划、资金筹措、建设实施、生产经营、债务偿还及资产的保值增值，实行全过程负责。项目法人是工程建设投资行为的主体，要承担投资风险，并对投资效果全面负责，必然委托高智能的监理单位为其提供咨询和管理。

2. 招标投标制

招标投标是国际建筑市场中项目法人选择承包商的基本方式。我国在 20 世纪 70 年代之前都是根据国家或地方的计划，用行政分配方式下达建设任务，80 年代后，随着改革开放的发展而逐步推行招标投标制，90 年代后，逐步实施与完善招标投标制。建设工程实行招标投标，有利于开展竞争，使建设工程得到科学有效的控制和管理，从而提高我国水利工程建设的管理水平，促进我国水利水电建设事业的发展。

3. 建设监理制

建设监理制是我国工程建设领域中项目管理体制的重大改革举措之一，是一种科学的管理制度，监督管理的对象是建设者在工程项目实施过程的技术经济活动；要求这些活动及其结果必须符合有关法规、技术标准、规程、规范和工程承包合同的规定；目的在于确保工程项目在合理的期限内以合理的代价与合格的质量实现其预定的目标。建设监理制是我国实行项目法人责任制、招标投标制而配套推行的一项建设管理的科学制度。它的推行，使我国的工程建设项目管理体制由传统的自筹、自建、自管的小生产管理模式，开始向社会化、专业化、现代化的管理模式转变。

第二节　工程建设监理

一、工程建设监理概念

（一）水利工程建设监理概念

按照水利部制定的《水利工程建设监理规定》，水利工程建设监理是指监理单位受项目法人委托，依据国家有关工程建设的法律、法规、规章和批准的项目建设文件、建设工程合同以及建设监理合同，对工程建设实行的管理。

水利工程建设监理的主要内容是进行工程建设合同管理，按照合同控制工程建设的投资、工期和质量，并协调有关各方的工作关系。

（二）工程建设监理的内涵

1. 针对项目建设实施的监督管理

工程建设监理是围绕着工程项目建设来展开的，离开了工程项目，就谈不上监理活动。监理单位代表项目法人的利益，依据法规、合同、科学技术、现代方法和手段，对工程项目建设进行程序化管理。

2. 行为主体是监理单位

监理单位是具有独立性、社会化、专业化特点的，专门从事工程建设监理和其它技术服务活动的组织。监理单位在工程建设中是独立的第三方，只有监理单位才能按照"公正、独立、自主"的原则，开展工程建设监理工作。

3. 需要项目法人委托和授权

工程建设监理的实施需要项目法人委托和授权，这是工程建设监理的特点所决定的，也是建设监理制所规定的。工程建设监理不是一种强制性的，而是一种委托性的，这种委托与政府对工程建设的强制性监督有很大区别。

4. 有明确依据的工程建设行为

工程建设监理实施的依据主要有，国家和建设管理部门颁发的法律、法规、规章和有关政策；国家有关部门颁发的技术规范、技术标准；政府建设主管部门批准的工程项目建设文件；工程承包合同和其它工程建设合同。

5. 现阶段工程监理发生在实施阶段

鉴于目前监理工作在建设工程投资决策阶段和设计阶段尚未形成系统、成熟的经验，需要通过实践进一步研究探索。现阶段工程建设监理主要发生在项目建设的实施阶段。

6. 微观管理活动

政府从宏观上对工程建设进行管理，通过强制性的立法、执法来规范建筑市场。工程建设监理属于微观层次，是针对一个具体的工程项目展开的，是紧紧围绕着工程建设项目的各项投资活动和生产活动进行的监督管理，注重具体工作的实际效益。

（三）水利工程建设监理的范围

在中国境内的大中型水利工程建设项目，必须实施建设监理，小型水利工程建设项目应根据具体情况逐步实施建设监理。水利工程包括由中央和地方独资和合资、企事业单位投资以及其它投资方式（包括外商独资、中外合资等）兴建的防洪、除涝、灌溉、发电、供水、围垦、水资源保护等水利工程（包括新建、扩建、改建、加固、修复）以及配套和附属工程。

中国规定外商独资兴建的水利工程项目，需要委托国外监理单位承担建设监理业务时，必须遵守中国的法律、法规，接受中国水行政主管部门的管理与监督。中外合资兴建的水利工程项目，应当委托中国水利工程建设监理单位进行监理。国外贷款和赠款兴建的水利工程项目，应由中国水利工程建设监理单位进行监理。国内投资的建设项目必须由中国的监理单位承担监理任务，但一些重点工程的重要部位，也可聘请国外知名监理公司参与工程监理。如近年来，国内少数基础设施暴露出令人震惊的质量问题，如何保证工程质量成为中国政府面临的重大难题。1998 年国务院朱□基总理考察三峡工程时提出，对于工程的某些重要部位，可以聘请国外知名监理公司参与工程监理。1999 年 5 月，中国长江三峡工程开发总公司聘请美国阿肯森公司对混凝土浇筑进行咨询和监理。同时，还与法国电力公司、法国技术监督局组成的联营体签署合同，聘请其专家对首批 14 台发电机组的生产进行质量监督，这在中国的大型工程建设中还是首次。5 名外国监理人员的月薪相当于 500 名中国监理的月薪。

二、工程建设监理的性质

（一）服务性

服务性是工程建设监理的根本属性。监理单位本身不是建筑产品的投资者和生产者，它只是受项目法人委托，对其提供高智能的服务。在工程项目建设过程中，监理单位利用自己在工程建设方面的知识、技能和经验，对工程进行组织、协调、控制监督，保证合同顺利实施。监理单位不参与工程盈利的分配，其所获得的是技术服务性报酬。

（二）独立性

独立性是工程建设监理的一个重要特征。监理单位是直接参与工程项目建设的三方当事人之一，是独立的第三方，要协调项目法人与承包人双方的利益，组织有关各方协作，必须坚持公正性，而公正的前提就是要有独立性，独立性主要表现在以下几方面。

1. 经济关系的独立

监理单位在法律地位、人际关系、经济关系和业务关系上必须独立，社会监理单位的各级监理人员不得是施工、设备制造和材料供应单位的合伙经营者，不得与这些单位发生经营性隶属关系，不得承包施工和销售业务，不得在政府机关、施工、设备制造和材料供应单位任职。这可避免监理单位牵涉到有关单位间的利害关系，从而坚持自己的独立性。

2. 监理单位与项目法人是平等关系

监理单位尽管受项目法人委托承担监理任务，但它们之间是平等的合同关系。监理单位所承担的监理任务，已确立在监理委托合同中，并在项目法人与设计、施工承包单位之间签订的工程承包合同有关条款中明确规定。项目法人不得超出合同之外随意增减任务，也不得干涉监理工程师独立、正常的工作。

（三）公正性

公正性是咨询监理业的国际惯例。公正性是监理工作正常和顺利开展的基本条件，监理单位在监理服务过程中，应当以公正的态度对待委托方和被监理方，特别是当项目法人和承包人发生利益冲突或矛盾时，能够以事实为依据，以有关法律、法规和双方所签订的工程建设合同为准绳，公正地解决和处理问题。

（四）科学性

科学性是工程建设监理的又一个重要特征，工程建设监理是一种高智能的技术服务，从事工程建设监理活动应当遵循科学的准则。监理单位的科学性来源于它拥有足够数量高素质的监理人员；有一套科学的管理制度；拥有现代化的监理手段；掌握先进的监理理论、方法，积累足够的技术、经济资料和数据。科学性使监理单位区别于其它一般性服务机构，科学性也是其赖以生存的重要条件。

三、工程建设监理的基本方法

（一）工程建设监理的基本方法

1. 目标规划

目标规划是以实现目标控制为目的的规划和计划。它是围绕工程项目投资、进度和质量目标进行研究确定、分解综合、安排计划、风险管理、制定措施等项工作的集合。

2. 动态控制

动态控制就是在完成工程项目的过程中，通过对过程、目标和活动的跟踪，全面、及时、准确地掌握工程建设信息，将实际目标值和工程建设状况与计划目标和状况进行对比，如果偏离了计划和标准的要求，就采取措施加以纠正，以便达到计划总目标的实现。这是一个不断循环的过程，直至项目建成交付使用。动态控制工作贯穿于工程项目的整个监理过程中。

监理工程师的监理任务是目标控制，但他不保证目标的实现。监理的性质是咨询而不是承包。例如，某市旅游局建造了 14 个宾馆，平均超投资 20％以上，为了解决这一问题，该局邀请市设计院监理，该设计院要求咨询费为总投资的 2％左右，项目法人表示，钱愿意出，但合同需写上保证工程质量，延期罚款，投资超出部分监理方负责赔偿。其实，这是对监理责任的误解，打个不太恰当的比方，监理工程师好似律师，又好似医生，医生不能向病人保证，服药后几天病一定痊愈。

3. 组织协调

在工程项目实施过程中，存在着大量组织协调工作，项目法人和承包人之间，设计与施工单位之间，设计与设计单位之间，施工与施工单位之间，由于各自的经济利益和对问题的不同理解，就会产生各种矛盾和问题。因此，监理工程师要及时、公正地进行协调和仲裁，维护双方的合法权益，处理好他们之间的关系。

4. 信息管理

监理工程师在监理过程中使用的主要方法是控制，控制的基础是信息。监理工程师要对所需要的信息做收集、整理、处理、存储、传递、应用等一系列工作，这些工作总称为信息管理。要及时掌握准确、完整的信息，并迅速地进行处理，需要有完善的建设监理信息系统，一般以电子计算机为辅助手段。

如小浪底水利枢纽工程，聘用加拿大国际工程管理公司（CIPM）负责小浪底水利枢纽工程投资前的咨询和建设准备阶段的咨询。工程开工之初，CIPM专家提出了一个计算机文函管理系统，根据这个系统，项目法人、监理人与承包人的来往信函均要编码存入计算机的数据库。由于受传统习惯做法的影响，一些人认为过去手工存档也把工程建设成了，没有必要采用这么繁琐的计算机文函管理系统。但实践证明采用了该系统，尽管计算机输入非常枯燥，但监理人处理承包人提出的索赔，能及时、准确地提供信息。

一个工程的施工过程，信息的表现形态是数据和往来的文函。比如一个隧洞上部开挖的信息有：工作到什么桩号；使用多臂钻从几点几分到几点几分；爆破孔钻到几米深；边界孔打了几个；间距多少厘米；装了多少公斤的炸药；线装药量多少公斤；几点钟起爆，爆破后散烟多少分钟；散烟后用什么设备进行撬挖；用什么设备从几点几分开到几点几分装渣；配什么运渣设备，共几台，几点几分开始到几点几分出渣，从几点几分到几点几分对岩石进行喷混凝土，喷到什么桩号；从几点几分到几点几分用锚杆打锚杆孔，安装了什么规格的锚杆几根，安装到了什么桩号，张拉到了什么桩号；多臂钻从几点几分到几点几分到达工作面，准备开钻。这就是一个隧洞上部开挖的循环信息。

5. 合同管理

合同管理是指合同的签订、履行、变更或终止、索赔等，合同的多少与项目的承发包方式有关。合同是监理单位站在公正立场采取各种控制、协调与监督措施，履行纠纷调解职责的依据，因此它是进行投资控制、工期控制和质量控制的手段。

（二）三大控制目标的关系

工程建设监理的中心任务就是控制工程项目目标，即对工程项目的投资、进度和质量目标实施控制。工程建设监理的目的就是通过监理工程师谨慎而勤奋地工作，力求在计划的投资、进度和质量目标内实现建设项目。

1. 三大目标是对立统一体

工程项目进度、投资、质量三大目标是相互制约相互影响的对立统一体。例如投资与进度的关系，加快进度往往要花很多钱，而加快进度提早投产就可能增加收入，提高投资效益。又如进度与质量的关系，加快进度有可能影响质量，而质量控制严格，不返工，进度则会加快。投资与质量的关系也是这样，提高质量可能要增加投资；而质量控制严了，可以减少经常的维护费用，提高投资效益。因此，工程的三大控制是相辅相成的，只谈任一方面的控制都是无意义的。

2. 三大目标的优先次序

三大目标不同时期，重要性则不同。三大目标优先次序的确认至关重要，它关系到监理工作的重点。对于大型水电工程，投资大，工期长，但一旦建成投产，收益又是巨大的，项目法人可能愿意花合适的额外投资以获得进度的加快，使工程能提前或按时投产。因此在水电工程中，进度在三大目标中往往显得尤为重要。

习　　题

单项选择题

1. 我国政府于（　　）宣布在我国实行建设监理制。

A. 1978 年 12 月；B. 1984 年 10 月；C. 1988 年 7 月；D. 1989 年 7 月。

2. 工程建设监理的实施需要（　　）。

A. 上级主管部门批准；B. 项目法人委托和授权；C. 承包人的委托和授权；D. 水行政主管部门批准。

3. 下列各项制度中，（　　）为工程项目建设提供了科学决策机制。

A. 项目法人责任制；B. 招标投标制；C. 建设监理制；D. 项目咨询评估制。

4. 在国家有关部门规定的基本建设程序中，各个步骤（　　）。

A. 次序可以颠倒，但不能交叉；B. 次序不能颠倒，但可合理的交叉；C. 次序不能颠倒、交叉；D. 次序可颠倒、交叉。

5. 监理单位是工程建设活动的"第三方"意味着工程建设监理具有（　　）。

A. 服务性；B. 独立性；C. 公正性；D. 科学性。

6. 如果没有（　　），工程建设管理经验就不能积累起来，建设管理水平就难以提高。

A. 社会化；B. 公正性；C. 专业化；D. 服务性。

7. 如果不具有（　　），那么工程建设监理就难以保持公正性，难以顺利进行合同管理，难以调解项目法人与承包人之间的权益纠纷。

A. 科学性；B. 独立性；C. 服务性；D. 委托性。

8. 工程建设监理要达到的目的是（　　）实现项目目标。

A. 保证；B. 圆满；C. 力求；D. 积极。

9. 项目投资、质量、进度三大目标是一个（　　）的整体。

A. 对立；B. 矛盾；C. 一致；D. 相互关联。

10. 我国监理单位是专门为（　　）提供技术服务的单位。

A. 项目法人；B. 承包人；C. 项目法人和承包人；D. 所有需求单位。

第二章　建设监理单位与监理人员

水利工程建设监理单位是指取得水利工程建设监理资格等级证书、具有法人资格从事工程建设监理业务的单位，监理单位的资格等级分为甲、乙、丙三类。监理单位可以是具有法人资格的监理公司、监理事务所和兼承监理业务的工程咨询、设计、施工、科学研究、大专院校等单位。工程建设监理是一种高智能的科技服务活动，这种服务活动决定了监理单位属于第三产业。监理单位的监理质量涉及到监理人员的水平，尤其是监理工程师的水平和素质的高低。因此，有必要深入研究监理工程师的素质要求。

第一节　监理单位与建设市场各方的关系

一、监理单位与项目法人的关系

所谓项目法人就是项目的投资者、所有者、使用者、风险承担者，也是项目的贷款者、最高决策者。它可以是政府、企业、事业单位、个人或其它法人团体。例如，中国三峡总公司是中国最大的项目法人。二滩水电站由国家和四川省投资及世界银行贷款，作为项目的发电、运行、使用、受益及债务偿还、条件提供等权利和职责的履行者和工程承包合同的甲方，则是专门组建的二滩开发公司，二滩开发公司就是项目法人。小浪底水利枢纽工程的项目法人是小浪底水利枢纽建设管理局。它受水利部委托，全面负责小浪底工程项目的筹资、建设、移民、运营以及归还贷款等工作。

建设单位不等同于项目法人，建设单位是由项目法人组建的专门从事项目建设组织与管理的工作班子，是项目法人的办事机构。它在行政上有独立的组织，经济上独立核算或分级核算。

项目法人与监理单位的关系是通过监理委托合同来建立的，两者是合同关系，而不是从属关系、雇佣关系。合同关系的特点是，项目法人委托给监理单位的工作任务和授予必要的权力，是通过双方平等协商和以合同的形式事先约定的。因而双方又是一种委托与被委托、授权与被授权的关系。

二、监理单位与承包人的关系

作为项目建设的乙方，承包人是以承揽工程项目为项目法人提供建设服务的独立的经济实体。承包人可以是设计单位，可以是施工企业、设备制造商、材料供应者，也可以是工程承包公司，在经济关系上对项目法人负责。

（一）监理单位与设计单位的关系

当项目法人没有委托监理单位进行设计监理时，监理单位与设计单位是分工合作关系。当项目法人委托设计监理时，他们之间的关系是监理与被监理关系。

　　监理单位与设计单位，都属于企业性质，都是平等的主体。监理单位之所以对工程项目建设中的行为具有监理的身份，一是因为项目法人的授权，二是因为设计单位在工程设计合同中也事先予以承认。同时，国家建设监理法规也赋予监理单位具有监督建设实施的职责。但是，监理单位不得超越设计合同所确认的权限，也不得超越国家有关法规，行使非法权力。

　　（二）监理单位与施工单位的关系

　　监理单位与施工单位的关系不是建立在合同的基础上，即他们之间不得签订任何合同或协议。在工程项目建设中，他们是监理与被监理的关系。这种关系的建立首先是建设监理制度赋予的，监理单位有实施监理的权力，施工单位有接受监理的义务；其次是在监理委托合同和施工合同中确立的，合同中授予了监理单位监督管理的责任，明确了施工单位在施工过程中，必须接受监理单位的合法监理。

　　目前我国主要是在施工阶段实施监理，监理人员的工作对象是承包人及其管理人员和具体的操作人员。监理人员在实施监理过程中，一般为项目法人利益着想，希望尽量减少投资，而承包人多倾向于加大费用，提高利润达到获利的目的，监理工程师希望工程质量优良，而施工单位注重降低成本，这就使得监理单位与施工单位存在着对立的一面，妥善处理好与他们之间的关系是监理工程师开展工作的基础。

　　（三）监理单位与工程承包公司的关系

　　工程承包公司是通过招标或接受项目法人的委托对项目建设实行总承包，然后再采取协议或招标的方式，与设计、施工、制造、供应单位签订合同实行分包。它没有施工队伍，说得不好听是"皮包公司"，说得好听像"职业甲方"，但它不是建设单位，也不能取代建设单位，与建设单位是发承包合同关系。监理单位与工程承包公司的关系，是监理与被监理的关系。

　　三、监理单位与政府质量监督站的关系

　　我国的工程项目建设中，为了保证工程质量，建立了质量管理的三个体系，即设计、施工单位的全面质量管理保证体系，监理单位的质量检查体系及政府部门的质量监督体系。

　　监理单位的质量检查体系，有一套完整的组织机构、工作制度、工作程序和工作方法，对保证工程质量起到了十分重要的作用。凡用于施工现场的机械设备和原材料都必须经过检验合格并得到监理人员的认可；每一道施工工序、环节都必须按批准的程序和工艺施工，必须进行施工单位的"三检"（初检、复检、终检）并经监理人员检查认证合格，方可进入下一道工序和环节，否则不得计量及支付工程进度款。

　　政府部门的质量监督体系开始于1984年，政府专职机构对工程质量进行强制性的监督管理。水利部主管全国水利工程质量监督工作，监督机构按总站、中心站、站三级设置。

　　政府质量监督站与监理单位的关系是监督与被监督的关系。质量监督是政府行为，建设监理是企业行为，两者的性质、职责、权限、方式和内容有原则性的区别，如表2-1。

　　四、监理单位与工程咨询单位的关系

　　监理单位的服务对象是项目法人，而工程咨询单位的服务对象可以是项目法人、设计、施工单位及材料供应商等。在同一个工程项目中，不得由同一个工程咨询机构为当事人双方提供工程咨询服务。工程咨询在高智能、服务性和公正性方面，与监理是相同的，但工程咨询一般只有建议权，对项目法人及有关方面均无约束力，即无决定权和执行权。而监理单位，不仅有建议权，还有一定的决定权和执行权，这是工程咨询与社会监理的区别。在同一建设项目工作中，监理单位与工程咨询单位是合作伙伴关系。

表 2-1　　　　　　　　　　　　　质量监督站与监理单位的区别

工 程 质 量 监 督 站	监 理 单 位
1. 性质 ①代表政府行使政府职能； ②是执法机构； ③工作有强制性； ④有工程质量等级认证权	①受项目法人委托，为项目法人服务； ②是服务性机构； ③工作有强制性的一面，也有非强制性的一面； ④只有参与等级评定的职责，而没有最终认证权
2. 工作范围和深度 对工程质量抽查及等级认证	对质量、进度、费用、计量、支付变更、索赔、延期等全面监理，而且是不间断地跟踪监控，工作内容不仅宽而且深
3. 工作依据 遵守国家的方针、政策、法律、法令、技术标准与规范、规程等	除与左边相同外，更要以设计文件和监理委托合同、工程承包合同为主要依据
4. 目的 控制工程质量	控制工程质量、建设工期、工程造价

第二节　监理人员的概念与素质要求

一、监理人员的概念

根据水利部颁布的《水利工程建设监理人员管理办法》，监理人员包括总监理工程师（简称总监）、监理工程师、监理员。监理人员是一种岗位职务，各类监理人员必须持证上岗。总监理工程师须经考核取得《水利工程建设总监理工程师岗位证书》；监理工程师须经全国水利工程建设监理资格统一考试合格，经批准获得《水利工程建设监理工程师资格证书》，并经注册取得《水利工程建设监理工程师岗位证书》；监理员须经考核取得《水利工程建设监理员岗位证书》。

水利工程项目建设监理实行总监理工程师负责制。总监理工程师是项目监理组织履行监理合同的总负责人，行使合同赋予监理单位的全部职责，全面负责项目监理工作。监理工程师在总监理工程师领导下和授权范围内开展监理工作；监理员在监理工程师领导下和授权范围内开展监理工作。

二、监理人员资格审批及注册

（一）监理员上岗条件及申报程序

（1）取得中级专业技术职务任职资格，或取得初级专业技术职务任职资格两年以上，或中专毕业且工作 5 年以上，大专毕业且工作 3 年以上，本科毕业且工作 2 年以上。

（2）经过水利部或流域机构、省、自治区、直辖市水利（水电）厅（局）举办的培训班培训，并取得结业证书。

（3）有一定的专业技术水平和组织管理能力。

凡符合上岗条件的人员，需填写《水利工程建设监理员岗位申请表》，由所在工作监理单位签署意见后按隶属关系申报。地方所属监理单位人员的申请，由各省、自治区、直辖市水利（水电）厅（局）审批合格后核发《水利工程建设监理员岗位证书》。

（二）监理工程师资格考试

1. 监理工程师资格考试的意义

通过考试确认相关资格的做法是国际惯例。推行执业资格制度是社会主义市场经济条件下对人才评价的手段，是政府为保证经济有序发展，规范职业秩序而对事关社会公众利益、技术性强、有关键岗位的专业实行的人员准入控制。监理工程师是一种执业资格，要求监理工程师具有比较广泛的知识面和丰富的工程实践经验。监理工程师资格考试有助于促进监理员和其它相关人员努力钻研，提高监理业务水平；有利于统一监理工程师的基本水准，公正地确认监理员是否具备监理工程师的资格，以保证监理队伍的高素质；通过考试筛选出已掌握监理知识的有关人员，可以形成监理人才库；监理工程师资格考试还有助于我国监理队伍进入国际工程建设监理市场。

2. 监理工程师资格申请条件

参加水利工程建设监理工程师资格考试，必须同时具备以下条件：

（1）具有高级专业技术职务任职资格，或取得中级专业技术职务任职资格后具有3年以上水利工程建设实践经验。

（2）有2年以上监理工作经历。

（3）经过水利部认定的监理工程师培训班培训合格并取得结业证书。

3. 监理工程师资格考试内容

监理工程师资格考试的内容包括工程建设监理的基本概念、工程建设投资控制、工程建设进度控制、工程建设质量控制、工程建设合同管理和工程建设信息管理等六方面的理论知识和技能。

监理工程师资格考试设4个科目，即工程建设监理基本概念及相关法规、工程建设合同管理、工程建设三大控制（投资、进度、质量）、工程建设监理案例分析，其中工程建设监理案例分析主要是考评对建设监理理论知识的理解和在工程中运用这些基本理论的综合能力。

4. 监理工程师资格考试的管理

参加监理工程师资格考试者，需填写《水利工程建设监理工程师资格申请表》，由所在单位按隶属关系逐级审查。经各单位审查合格后，报水利部备案，经水利部复核后，发放考试通知，方可参加考试。

在全国水利工程建设监理资格评审委员会的统一指导下，资格考试每年举行一次，其下设的考试委员会负责监理工程师资格考试的管理工作，主要任务是：制定监理工程师资格考试大纲和有关要求；发布监理工程师资格考试通知；确定考试命题，提出考试合格标准等。各省、自治区、直辖市水利（水电）厅（局）负责本行政区域所属单位监理工程师考试资格审查工作。

（三）监理工程师注册

执业资格实行注册制度，是国际上通行的做法。目前我国建筑行业有注册建筑师、注册监理工程师、注册结构师和注册造价工程师等。执业资格制度的作用主要解决两个方面的问题：一是执业水准；二是执业道德。

经监理工程师资格考试合格，并不意味着取得了监理工程师岗位资格，因为考试仅仅是对考试者知识含量的检验，只有注册才是对申请注册者的素质和岗位责任能力的全面考查。若不从事监理工作，或不具备岗位责任能力，注册机关可以不予注册。若为了控制监理工程师队伍规模和建立合理的专业结构，也可能对部分已取得监理工程师资格的人员不予注册。总之，只有经过注册，才算取得了监理工程师岗位的资格，并具有岗位签字权。

水利部是全国水利工程建设监理工程师注册管理机关，注册工作由水利部统一部署。各省、自治区、直辖市水利（水电）厅（局）是本行政区域所属监理单位的监理工程师注册机关。

监理工程师只能在一个监理单位注册并在该单位承接的监理项目中工作。注册监理工程师按专业设置岗位，并在《监理工程师岗位证书》注明专业，水利工程建设监理工程师分为水工建筑、工程测量、地质、电站水轮发电机、电气设备、金属结构、经济合同管理等专业。

三、监理工程师的素质要求

监理工程师作为从事工程监理活动的骨干人员，其工作质量的好坏对被监理工程项目效果影响极大。监理工程师的工作领域比较广泛，需要有比较扎实的基础知识，较强的实践工作能力和丰富的实践经验。监理活动往往是伴随着工程项目的动态过程来进行的，从监理工程师的主要工作来看，发现问题与解决问题是贯穿在整个监理过程中，而发现和解决问题的能力，在很大程度上取决于监理工程师的经验和阅历。见多识广，就能够对可能发生的问题加以预见，从而采取主动控制措施；经验丰富，就能够对突然出现的问题及时采取有效方法加以处理。因此，监理工程师的职责和工作性质，决定了监理工程师必须具有相当好的分析能力、判断能力和创造力，必须具有比一般工程师更高的素质、良好的知识结构、丰富的工程经验。

（一）理论及专业技术知识

现代工程建设规模巨大、工程复杂，涉及多种领域，监理工程师应具有精深广博的现代科技理论知识、工程技术知识，及完成监理各项任务所需要的各种技能。在监理的过程中，监理工程师应用各种技术为客户提供工程服务，发现和解决工程设计单位、施工单位不能发现和不能解决的复杂的技术问题，并能从根本上解决和处理问题。

（二）工程建设实践经验与能力

工程监理是一项实践性很强的工作。具有丰富的工程实践经验，是监理工程师应具备的重要条件。工程建设实践经验就是理论知识在工程建设中的成功应用，提高知识应用的水平离不开实践的过程。一个人参与工程建设项目越多，经验就越丰富，只有承担过设计、施工、管理等工作，具备了这些方面的工作经验，才能胜任监理工作。工程经验包括：从事工程建设的时间长短，经历过的工作种类多少，所涉及的工程专业范围大小，工程所在地区域范围，有无国外工程经验，项目外部环境经验，工程业绩，工作职务经历，专业会员资格等。实践能力主要是通过实践年限和业绩来衡量。

（三）管理知识

监理工程师的工作包括目标规划、动态控制、组织协调等内容，其中组织协调和应变能力是衡量监理工程师管理能力最主要的方面。要使监理工作有效能、有效益和有效率，监理工程师必须具有丰富的工程建设管理知识和管理经验，并具有一定的行政管理知识和行政管理经验。监理工作与一般的管理有所不同，它是以专业技术为基础的管理工作，监理工程师在技术和管理上都应达到相当的水平。

（四）法律、法规知识

监理工程师要协助项目法人组织招标工作，对工程建设合同的签订、履行、变更、索赔等进行监督与管理，因此，他必须熟知国家的法律、法规，具备工程建设合同管理的知识和经验，能够公正地处理工程变更、索赔事件。

（五）经济方面的知识

监理工程师应当具备足够的经济方面的知识，工程项目的实现是一项投资的实现。从项目的提出到建成及整个寿命周期，资金的筹集、使用、控制和偿还都是极为重要的工作。在项目实施过程中，监理工程师要协助项目法人确定项目或对项目进行论证；对计划进行资源、经济、财务方面的可行性分析；对各种工程变更方案进行技术经济分析；以及概预算审核、编制资金使用计划、价值分析、工程结算等。经济方面的知识是监理工程师所从事的业务不可缺少的一门专业知识。

（六）外语能力

监理工程师在涉外工程中担任监理，必须具备较高的专业外语水平，即具有专业会话（与施工现场外商交流）、谈判、阅读（招标文件、合同条件、技术规范、图纸等）能力，以及写作（公函、合同、电传等）方面的外语能力。

四、监理工程师的职业道德要求

（一）监理工程师的职业道德要求

各行各业都有自己的道德规范，这些规范是由职业特点决定的。如教师的职业道德是教书育人，医生要有救死扶伤的高尚道德，律师要有公正的维护真理的道德。监理工程师与医生、律师、教授等职业一样属于高度知识型的职业，必须有高尚的品德，具体要求如下：

（1）监理工程师要热爱本职工作，对工程建设监理工作认真负责、有责任心。

（2）监理工程师应依据合同，按照"守法、诚信、公正、科学"的准则执业，维护合同双方的合法权益。

（3）执行有关工程建设的法律、法规、规范、标准和制度，履行监理合同规定的义务和职责。

（4）监理工程师应廉洁奉公，不得接受项目法人所支付的监理酬金以外的报酬，同样，也不得接受被监理单位的任何礼金。

（5）不泄露所监理工程各方认为需要保密的事项。

（6）当监理工程师认为自己正确的判断或决定被项目法人否定时，监理工程师应以书面形式向项目法人阐明自己的观点，说明可能会引起的不良后果。如认为项目法人的判断或决定不可行时，应书面向项目法人提出劝告。

（7）当监理工程师发现自己处理问题有错误时，应及时通报项目法人并提出改进意见。

（8）监理工程师对本监理机构的介绍应实事求是，不得向项目法人隐瞒本机构的人员情况、过去的业绩以及可能影响监理服务的因素。

（9）监理工程师不得在所监理工程的项目法人单位或施工、设备制造、材料供应等单位任职，不得是施工、设备制造和材料构配件供应单位的合伙经营者。

（10）监理工程师不得以谎言欺骗项目法人和承包人，不得伤害、诽谤他人名誉借以提高自己的地位和信誉。

（11）监理工程师不以个人名义承揽监理业务。

（12）为自己所监理的工程项目聘请外单位监理人员时，须征得项目法人的认可。

（二）监理工程师的工作失误

导致监理工程师工作失误的原因是多方面的，有技术的、经济的、社会的、时效的原因，责任方也可能是项目法人、设计单位、施工单位或监理工程师方面，所以对每一失误要作具体的分析，如果是其它方面的原因造成的失误，监理工程师不负责任；如果确属监理工程师的数据不实，检查、计算方法错误等造成了失误，就应由监理工程师承担失误责任。只有这样，才能促使监理工程师对自己的工作承担技术责任、经济责任、法律责任。但是，在现实中，如何来衡量和评判监理工程师的过失和责任，是件很难明确的事情。如果说施工过程中出现了质量问题，一般情况下属施工单位的责任，监理工程师不可能代替施工单位承担这种责任风险。问题是工程交付使用之后才出现缺陷，监理工程师承担多大的责任？

如果监理人与项目法人签订的合同中要求监理工程师提供施工阶段的工程检测和施工监督的话，那么监理工程师对承包人未按合同图纸和技术规范进行施工所造成的后果要负一定责任。例如，图纸和技术规范要求的混凝土板为 6 寸厚，而承包人浇注的混凝土板只有 5 寸厚，且监理工程师对此也予以认可，那么监理工程师就可能对由于低劣的施工而造成的任何损失负有责任。当然，承包人也负有责任。项目法人可能会向对造成损失主要责任方，也可能向最有能力进行赔偿的一方提出索赔。

例如，钱塘江标准堤塘工程，长 500m，按百年一遇标准设计，总造价约 600 万元。因施工中监理工程师没有旁站监理，被人用泥沙代替混凝土填进了基础沉井，造成了严重的质量事故。该工程的施工单位是杭州市水利建筑总公司，监理单位是浙江省水利水电建筑监理公司，建设单位是杭州市堤塘工程建设管理处。

处理结果：杭州市水利建筑总公司总经理撤销职务和给予党内警告处分，下沙工区项目经理撤销项目经理职务、辞退，直接当班的工班长等 4 人被公安机关监视拘留，3 人被取保候审。有关部门停止杭州水利建筑总公司参加海塘建设招投标的资格，责令其限期整顿，并处以 20 万元罚款。浙江省水利水电建筑监理公司由于没有依法履行工程监理职责，监理人员缺乏应有的责任心，在工程关键时刻不在现场"旁站监理"，自顾睡觉，导致了严重的质量事故，故对监理公司总经理撤销职务，对 3 名失职的监理人员中的 2 名给予清退处理，1 名给予调离监理岗位、吊销资格证书的处理。给予杭州市堤塘工程建设管理处处长行政警告处分。

习　　题

单项选择题

1. 监理单位具有（　　）的性质。

A. 政府机关；B. 事业单位；C. 企业；D. 独立法人。

2. 监理工程师是一种（　　）职务。

A. 技术；B. 行政；C. 专业；D. 岗位。

3. 监理单位如果不是（　　），政府不批准其设立。

A. 企业；B. 项目法人；C. 独立实体；D. 经济实体。

4. 工程建设监理过程中，被监理单位应当按照（　　）的规定接受监理。

A. 工程建设监理合同；B. 工程建设合同；C. 监理单位发出的书面通知；D. 项目法人发出的书面通知。

5. 注册监理工程师具有（　　）。

A. 对外签字权；B. 监理权；C. 岗位责任签字权；D. 受聘为总监理工程师的资格。

6. 监理单位除监理业务外，还可以承揽（　　）。

A. 工程质量认证；B. 项目决策咨询；C. 项目施工管理；D. 项目决算审计。

7. 被监理工程施工过程中，施工单位造成质量事故，监理单位（　　）。

A. 不承担责任；B. 承担技术责任；C. 承担部分经济责任；D. 和施工单位共同承担责任。

8. 监理单位与项目法人、被监理单位的关系都是（　　）间的关系。

A. 委托服务；B. 合同；C. 监理与被监理；D. 建筑市场平等主体。

9. 监理单位、项目法人及（　　）单位成为建筑市场的三大主体。

A. 施工；B. 设计；C. 材料设备供应；D. 承包。

10. 只有经过（　　）的监理人员，才能以监理工程师名义开展工程建设监理业务。

A. 监理工程师注册；B. 监理工程师资格考试合格；C. 监理工程师培训并结业；D. 监理单位认可。

第三章 监 理 规 划

第一节 工程建设监理规划的作用

一、监理规划的作用

监理规划是监理单位根据监理委托合同确定的监理范围，并根据该项目的特点而编写的实施监理的工作计划。它是指导项目监理组织全面开展监理工作的纲领性文件，可以使监理工作规范化、标准化，其作用如下：

1. 指导项目监理组织全面开展监理工作

对项目监理组织全面开展监理工作进行指导，是监理规划的基本作用。工程项目实施监理是一个系统的过程，它需要制定计划，建立组织，配备监理人员，进行有效地领导，并实施目标控制。因此，事先须对各项工作做出全面地、系统地、科学地组织和安排，即确定监理目标，制定监理计划，安排目标控制、合同管理、信息管理、组织协调等各项工作，并确定各项工作的方法和手段。

2. 监理规划是主管机构对监理单位实施监督管理的重要依据

工程建设监理主管机构对社会上所有监理单位都要实施监督、管理和指导，对其管理水平、人员素质、专业配套和监理业绩要进行核查和考评，以确认它的资质和资质等级，以使我国整个工程建设监理能够达到应有的水平。要做到这一点，除了进行一般性的资质管理工作之外，更为重要的是通过监理单位的实际监理工作来认定它的水平。而监理单位的实际水平可从监理规划和它的实施中充分地表现出来。因此，建设监理主管机构对监理单位进行考核时应当十分重视对监理规划的检查。它是建设监理主管机构监督、管理和指导监理单位开展工程建设监理活动的重要依据。

3. 监理规划是项目法人确认监理单位是否全面、认真履行监理合同的主要依据

监理单位如何履行工程建设监理合同？如何落实项目法人委托监理单位所承担的各项监理服务工作？作为监理的委托方，项目法人不但需要而且应当加以了解和确认，同时，项目法人有权监督监理单位执行监理合同。而监理规划正是项目法人了解和确认这些问题的最好资料，是项目法人确认监理单位是否履行监理合同的主要说明性文件。监理规划应当能够全面而详细地为项目法人监督监理合同的履行提供依据。

4. 监理规划是监理单位重要的存档资料

项目监理规划的内容随着工程的进展而逐步调整、补充和完善，在一定程度上真实地反映了一个工程项目监理的全貌，是最好的监理过程记录。因此，它是每一家监理单位的重要存档资料。

二、监理大纲、监理规划、监理细则的关系和区别

（一）关于监理规划系列性文件

工程建设监理大纲和监理细则是与监理规划相互关联的两个重要监理文件，并与监理规划一起共同构成监理规划系列性文件。

1. 监理大纲

监理大纲又称监理方案。它是监理单位为承揽监理业务所编写的监理方案性文件，是投标文件的组成部分。其作用主要有两个：一是使项目法人认可大纲中的监理方案，从而承揽到监理业务；二是为今后开展监理工作制定方案。其内容应当根据监理招标文件的要求制定。通常包括的内容有：监理单位拟派往项目上的主要监理人员，并对他们的资质情况进行介绍；监理单位应根据项目法人所提供的和自己掌握的工程信息制定准备采用的监理方案（监理组织方案、各目标控制方案、合同管理方案、组织协调方案等）；明确说明将提供给项目法人的、反映监理阶段性成果的文件。项目监理大纲是项目监理规划编写的直接依据，由监理单位指定人员或单位的技术管理部门负责编写。

2. 监理规划

监理规划是监理单位接受项目法人委托并签订工程建设监理合同之后，由项目总监理工程师主持、专业监理工程师参加，根据监理合同，在监理大纲的基础上，结合项目的具体情况，广泛收集工程信息和资料的情况下制定的，是指导整个项目监理组织开展监理工作的技术组织文件。

监理规划的编制应针对项目的实际情况，明确项目监理机构的工作目标，确定具体的监理工作制度、程序、方法和措施，并应具有可操作性。

从内容范围上讲，监理大纲与监理规划都是围绕着整个项目监理组织所开展的监理工作来编写的，但监理规划的内容要比监理大纲详实、全面。

3. 监理细则

项目监理细则又称项目监理（工作）实施细则。如果把工程建设监理看作一项系统工程，那么项目监理细则就好比这项工程的施工图设计。它与项目监理规划的关系可以比作施工图与初步设计的关系。也就是说，监理细则是在项目监理规划基础上，由项目监理组织的各有关部门，根据监理规划的要求，在专业监理工程师主持下，针对所分担的具体监理任务和工作，结合项目具体情况和掌握的工程信息制定的指导具体监理业务实施的文件。

（二）监理大纲、监理规划、监理细则的关系和区别

项目监理大纲、监理规划、监理细则是相互关联的，它们都是构成项目监理规划系列文件的组成部分，它们之间存在着明显的依据性关系：在编写项目监理规划时，一定要严格根据监理大纲的有关内容来编写；在制定项目监理细则时，一定要在监理规划的指导下进行。

通常，监理单位开展监理活动应当编制以上系列监理规划文件。但这也不是一成不变的，就像工程设计一样。对于简单的监理活动只编写监理细则就可以了，而有些项目也可以制定较详细的监理规划，而不再编写监理细则。三者之间的区别见表 3-1。

表 3－1 　　　　　　　　　监理大纲、监理规划、监理实施细则的主要区别

文件名称	编制对象	编制人	编 制 时 间 和 目 的	编制主要内容		
				为什么做？	做什么？	如何做？
监理大纲	整个项目	技术部门	在项目监理招投标阶段编制；使建设单位信服本监理单位能胜任该项目监理工作，从而赢得监理竞争而中标	（重要、详写）	（一般、略写）	
监理规划	整个项目	项目总监	在签订项目监理合同后编制；用以指导项目监理的全部工作	（一般、略写）	（重要、详写）	（重要、详写）
监理实施细 则	分部（项）工 程	各专业监理工程师	在完善项目监理组织，确定专业监理工程师职责后编制；用以具体指导实施各专业监理工作		（一般、略写）	（重要、详写）

第二节　　监理规划的基本内容

一、工程建设监理规划编写依据

（一）工程项目外部环境调查研究资料

1. 自然条件

自然条件主要包括：工程地质、工程水文、历年气象、区域地形、自然灾害情况等。

2. 社会和经济条件

社会和经济条件主要包括：政治局势、社会治安、建筑市场状况、材料和设备厂家、勘察和设计单位、施工单位、工程咨询和监理单位、交通设施、通讯设施、公用设施、能源和后勤供应、金融市场情况等。

（二）工程建设方面的法律、法规

（1）中央、地方和部门政策、法律、法规。

（2）工程所在地的法律、法规、规定及有关政策等。

（3）工程建设的各种规范、标准。

（三）政府批准的工程建设文件

（1）可行性研究报告、立项批文。

（2）规划部门确定的规划条件、土地使用条件、环境保护要求、市政管理规定等。

（四）工程建设监理合同

（1）监理单位和监理工程师的权利和义务。

（2）监理工作范围和内容。

（3）有关监理规划方面的要求。

（五）其它工程建设合同

（1）项目法人的权利和义务。

（2）工程承包人的权利和义务。

（六）项目法人的正当要求

根据监理单位应竭诚为客户服务的宗旨，在不超出合同职责范围的前提下，监理单位

应最大限度地满足项目法人的正当要求。

（七）工程实施过程输出的有关工程信息

（1）方案设计、初步设计、施工图设计。

（2）工程实施状况。

（3）工程招标投标情况。

（4）重大工程变更。

（5）外部环境变化等。

（八）项目监理大纲

（1）项目监理组织计划。

（2）拟投入主要监理成员。

（3）投资、进度、质量控制方案。

（4）信息管理方案。

（5）合同管理方案。

（6）定期提交给项目法人的监理工作阶段性成果。

二、监理规划编写的有关要求

1. 监理规划的基本内容构成应当力求统一

监理规划作为指导项目监理组织全面开展监理工作的指导性文件，在总体内容组成上应力求做到统一。这是监理规范、统一的要求，是监理制度化的要求，是监理科学性的要求。项目监理规划基本组成内容应当包括：目标规划、项目组织、监理组织、合同管理、信息管理和目标控制。

2. 监理规划的具体内容应具有针对性

监理规划基本构成内容应当统一，且各项内容要有针对性。因为一个具体工程项目的监理规划，有它自己的投资、进度、质量目标；有它自己的项目组织形式；有它自己的监理组织机构；有它自己的信息管理的制度；有它自己的合同管理措施；有它自己的目标控制措施、方法和手段。因此，只有具有针对性，监理规划才能真正起到指导监理工作的作用。

3. 监理规划的表达方式应当格式化、标准化

现代科学应当讲究效率、效能和效益。监理规划在内容表达上应考虑采用哪一种方式、方法才能表现得更明确、更简洁、更直观，使它便于记忆且一目了然。因此，编写监理规划各项内容时应当采用什么表格、图示以及哪些内容需要采用简单的文字说明应当做出统一规定。

4. 项目总监理工程师是监理规划编写的主持人

监理规划应当在项目总监理工程师主持下编写制定，这是工程建设监理实行项目总监理工程师负责制的要求。

5. 监理规划应当把握住工程项目运行的脉搏

监理规划是针对一个具体工程项目来编写的，而工程的动态性很强。项目的动态性决定了监理规划具有可变性。所以，必须把握工程项目运行的脉搏，只有这样才能实施对这项工程有效的监理。

6. 监理规划的分阶段编写

监理规划的内容与工程进展是密切相关的，没有规划信息也就没有规划内容。因此，监理规划的编写需要有一个过程。我们可以将编写的整个过程划分为若干个阶段，每个编写阶段都可与工程实施各阶段相应。这样，项目实施各阶段所输出的工程信息成为相应的规划信息，从而使监理规划编写能够遵循管理规律，变得有的放矢。

7. 监理规划的审核

项目监理规划在编写完成后需要进行审核并经批准。监理单位的技术主管部门是内部审核单位，其负责人应当签认。同时，还应当提交给项目法人，由项目法人确认，并监督实施。

三、工程建设监理规划的内容

工程建设监理规划是在工程建设监理合同签订后制定的指导监理工作开展的纲领性文件。它起着对工程建设监理工作全面规划和进行监督指导的重要作用。由于它是在明确监理委托关系以及确定项目总监理工程师以后，在更详细掌握有关资料的基础上编制的，所以，其包括的内容与深度比工程建设监理大纲更为详细和具体。

工程项目建设监理规划通常包括以下内容：

（一）工程概况

（1）工程项目名称。

（2）工程项目地点。

（3）主管部门。

（4）建设单位。

（5）设计单位。

（6）施工单位。

（7）建设目的。

（8）工程规模。

（9）工程等级。

（二）工程项目建设监理阶段、范围和目标

1. 工程项目建设监理阶段

工程项目建设监理阶段是指监理单位所承担监理任务的工程项目建设阶段，可以按照监理合同中确定的监理阶段划分。

2. 工程项目建设监理范围

工程项目建设监理范围是指监理单位所承担的工程项目建设监理的范围。如果监理单位承担全部工程项目的工程建设监理任务，监理范围为全部工程项目，否则监理范围为项目法人授权范围。

3. 项目总目标

（1）项目总投资额：以____年预算为基价，静态投资为____万元。

（2）总进度目标：建设周期、计划开工日期、各重要阶段工期、计划竣工日期。

（3）质量要求：整个项目、单位工程要求质量等级。

（三）工程项目建设监理工作内容

1. 工程项目立项阶段监理主要内容

(1) 协助项目法人准备项目报建手续。

(2) 项目可行性研究咨询/监理。

(3) 技术经济论证。

(4) 编制工程建设估算。

(5) 组织设计任务书编制。

2. 设计阶段建设监理工作的主要内容

(1) 编写设计要求文件。

(2) 协助项目法人选择勘测设计单位。

(3) 拟订和商谈设计委托合同内容。

(4) 向设计单位提供设计所需基础资料。

(5) 配合设计单位开展技术经济分析，搞好设计方案的比选，优化设计。

(6) 配合设计进度，组织设计与有关部门及设计单位之间的协调工作。

(7) 审核工程概算。

(8) 审核工程项目设计图纸。

(9) 检查和控制设计进度。

3. 施工招标阶段建设监理工作的主要内容

(1) 办理施工招标申请。

(2) 编写施工招标文件。

(3) 标底经招标人认可，按项目管理权限向水行政主管部门审核。

(4) 组织工程项目施工招标工作。

(5) 组织现场踏勘。

(6) 组织开标、评标及决标工作。

(7) 协助项目法人与中标人签承包合同。

4. 施工阶段监理

对施工阶段投资、进度、质量进行控制。

5. 合同管理

(1) 拟订工程项目合同体系及合同管理制度。

(2) 协助项目法人拟订项目的各类合同条款，并参与各类合同的商谈。

(3) 合同执行情况的分析和跟踪管理。

(4) 协助项目法人处理与项目有关的索赔事宜及合同纠纷事宜。

(四) 项目组织

(1) 建设单位各部门与该项目的关系，包括有关部门负责人、联系人、地址电话以及组织单位的结构。

(2) 项目与有关单位的关系：它们的名称、联系人、地址、电话、办事程序。

(3) 建设单位与监理单位的关系。

(4) 项目组织结构详图。

(5) 工程任务一览表和管理职能分工。

（6）工程项目开展顺序。

（7）人员培训计划。

（五）监理组织

1．监理组织机构

项目监理组织机构可用组织机构图表示。监理组织机构及总负责人、投资控制、进度控制、质量控制、合同管理等方面的具体负责人，他们的任务及联系方法。

2．监理人员名单

主要成员的情况介绍、职称、职务、工作经历，拟担任的监理职务。

3．职责分工

（1）项目监理组织职能部门的职责分工。

（2）各类监理人员的职责分工。

（六）投资控制的任务与方法

1．投资目标分解

（1）按基本建设投资的费用组成分解。

（2）按年度、季度（月度）分解。

（3）按项目实施的阶段分解：设计准备阶段投资分解；设计阶段投资分解；施工阶段投资分解；动用前准备阶段投资分解。

（4）按项目结构的组成分解。

2．投资使用计划

3．投资控制的总工作流程

4．投资控制的具体措施

（1）投资控制的组织措施：建立健全监理组织，完善职责分工及有关制度，落实投资控制的责任。

（2）投资控制的技术措施：在设计阶段，推选限额设计和优化设计；招标投标阶段，合理确定标底及合同价；材料设备供应阶段，通过质量价格比选，合理确定生产供应厂家；施工阶段，通过审核施工组织设计和施工方案。合理开支施工措施费以及按合理工期组织施工，避免不必要的赶工费。

（3）投资控制的经济措施：除及时进行计划费用与实际开支费用的比较分析外，监理人员对原设计或施工方案提出合理化建议被采用节约了投资，可按监理合同规定给予一定的奖励。

（4）投资控制的合同措施：按合同条款支付工资，防止过早、过量的现金支付；全面履约，减少对方提出索赔的条件和机会；正确地处理索赔等。

5．投资目标的风险分析

对政策性、市场变化、工程变更及环境等影响投资目标实现的因素进行分析。

6．投资控制的动态比较

（1）投资目标分解值与项目概算值的比较。

（2）项目概算值与施工图预算值比较。

（3）施工图预算值与实际投资的比较。

7. 投资控制的工作制度以及报表、数据采集、审核与处理

（七）进度控制的任务与方法

1. 总进度计划

2. 总进度目标的分解

（1）按年度、季度、月度进度目标分解。

（2）按各阶段进度目标分解，即按设计准备阶段进度分解、设计阶段进度分解、施工阶段进度分解、动用前准备阶段进度分解。

（3）按各子项目进度目标分解。

3. 进度控制的工作流程

4. 进度控制的具体措施

（1）进度控制的组织措施：落实进度控制的责任，建立进度控制协调制度。

（2）进度控制的技术措施：建立多级网络计划和施工作业计划体系；增加同时作业的施工面；采用高效能的施工机械设备；采用施工新工艺、新技术，缩短工艺过程间和工序间的技术间歇时间。

（3）进度控制的经济措施：对工期提前者实行奖励；对应急工程实行较高的计件单价；确保资金的及时供应等。

（4）进度控制的合同措施：按合同要求及时协调有关各方的进度，以确保项目形象进度。

5. 进度目标实现的风险分析

6. 进度控制的动态比较

（1）进度目标分解值与项目进度实际值的比较。

（2）项目进度目标值预测分析。

7. 工作制度及报表、数据采集及处理

（八）质量控制的任务与方法

1. 质量控制目标的描述

（1）设计质量控制目标。

（2）材料质量控制目标。

（3）设备质量控制目标。

（4）土建施工质量控制目标。

（5）设备安装质量控制目标。

（6）其它说明。

2. 质量目标的分解与说明

3. 质量控制的工作流程

4. 质量控制的具体措施

（1）质量控制的组织措施：建立健全监理组织，完善职责分工及有关质量监督制度，落实质量控制的责任。

（2）质量控制的技术措施：在设计阶段，协助设计单位开展优化设计和完善设计质量保证体系；材料设备供应阶段，通过质量价格比选，正确选择生产供应厂家，并协助其完

善质量保证体系；施工阶段，严格事前、事中和事后的质量控制措施。

（3）质量控制的经济措施及合同措施：严格质检和验收，不符合合同规定质量要求的拒付工程款；达到质量优良者，支付质量补偿金或奖金等。

5．质量目标实现的风险分析

6．质量控制状况的动态分析

7．工作制度、报表、数据采集及处理

（九）合同管理的任务与方法

（1）合同结构。

（2）合同管理的制度。

（3）合同执行情况分析。

（4）合同执行过程中可能出现的风险。

（十）信息管理的任务和方法

（1）信息目录表：包括信息名称，提供形式，提供时间，提供者与接受人。

（2）会议制度：会议名称、主持人、参加人、会议举行时间。

（3）信息编码系统：采用计算机管理时，要有信息编码系统，并列入监理规划中。

（4）信息的收集、整理及保存制度。

（十一）组织协调的工作任务

1．与工程项目有关的单位

（1）项目系统内的单位：主要有工程项目法人、设计单位、施工单位、材料和设备供应单位、资金提供单位等。

（2）项目系统外的单位：主要有政府管理机构、政府有关部门、工程毗邻单位、社会团体等。

2．协调分析

（1）项目系统内相关单位协调重点的分析。

（2）项目系统外相关单位协调重点的分析。

3．协调工作程序

（1）投资控制协调程序。

（2）进度控制协调程序。

（3）质量控制协调程序。

（4）其它方面协调程序。

4．协调工作表格

（十二）监理报告

监理报告包括：工程进度、工程质量、计量支付、监理活动以及质量事故、工程变更、民事纠纷、延期索赔等重大合同事宜。

1．定期的信息文件——监理月报

监理月报主要包括：项目概述、大事记、工程进度与形象面貌、资金到位和使用情况、质量控制、合同执行情况、现场会议和往来信函、监理工作、施工人员情况、安全和环境保护、进度款支付情况、工程进展图片及其它。

2. 不定期的监理工作报告

不定期的监理工作报告主要包括：关于工程优化设计、工程变更的建议；投资情况分析预测及资金、资源的合理配置和投入的建议；工程进度预测分析报告。

3. 日常监理文件

日常监理文件主要包括：监理日记及施工大事记、施工计划批复文件、施工措施批复文件、施工进度调整批复文件、进度款支付确认文件、索赔受理、调查及处理文件、监理协调会议纪要文件、其它监理业务往来文件。

第三节 案 例 分 析

案 例 一

◀ **背景材料**

某项目法人计划将拟建的工程项目在实施阶段委托 A 监理公司进行监理，监理合同签订以后，总监理工程师组织监理人员对制订监理规划问题进行了讨论，有人提出了如下一些看法：

（一）监理规划的作用与编制原则

（1）监理规划是开展监理工作的技术组织文件。

（2）监理规划的基本作用是指导施工阶段的监理工作。

（3）监理规划的编制应符合《工程建设监理规定》的要求。

（4）监理规划应一气呵成，不应分段编写。

（5）监理规划应符合监理大纲的有关内容。

（6）监理规划应为监理细则的编制提出明确的目标要求。

（二）监理规划的基本内容

（1）工程概况。

（2）监理单位的权利和义务。

（3）监理单位的经营目标。

（4）监理实施细则。

（5）监理范围内的工程项目总目标。

（6）项目监理组织机构。

（7）质量、投资、进度控制。

（8）合同管理。

（9）信息管理。

（10）组织协调。

（三）监理规划文件分三个阶段制定

（1）设计阶段监理规划，在设计单位开始设计前的规定时间内提交项目法人。

（2）施工招标阶段监理规划，在招标书发出后提交项目法人。

（3）施工阶段监理规划，在承包人正式施工后提交项目法人。

在施工阶段，A监理公司的施工监理规划编制后，递交给项目法人，其部分内容如下：

（一）施工阶段的质量控制

1. 质量的事前控制

（1）掌握和熟悉质量控制的技术依据。

（2）审查总承包人、分包人的资质。

……

（7）行使质量监督权，下达停工指令。

为保证工程质量，出现下述情况之一者，监理工程师报请总监理工程师批准有权责令施工单位立即停工整改：

1）工序完成后未经检验即进行下道工序者；

2）工程质量下降，经指出后未采取有效措施整改，或采取措施不力、效果不好，继续作业者；

3）擅自使用未经监理工程师认可或批准的工程材料；

4）擅自变更设计图纸；

5）擅自将工程分包；

6）擅自让未经同意的分包人进场作业；

7）没有可靠的质量保证措施而贸然施工，已出现质量下降征兆；

8）其它对质量有重大影响的情况。

（二）施工阶段的投资控制

（1）建立健全监理组织，完善职责分工及有关制度，落实投资控制的责任。

（2）审核施工组织设计和施工方案，合理审核签证施工措施费，按合理工期组织施工。

（3）及时进行计划费用与实际支出费用的分析比较。

（4）准确测量实际完工工程量，并按实际完工工程量签证工程款付款凭证。

……

? 问 题

（1）你是否同意他们对监理规划的作用和编制原则的看法？为什么？

（2）监理单位讨论中提出的监理规划基本内容，你认为哪些项目不应编入监理规划？

（3）给项目法人提交监理规划文件的时间安排中，你认为哪些是合适的，哪些是不合适或不明确的？如何提出才合适？

（4）监理工程师在施工阶段应掌握和熟悉哪些质量控制的技术依据？

（5）监理规划中规定了对施工队伍的资质进行审查，请问总承包人和分包人的资质应安排在什么时候审查？

（6）如果在施工中发现总承包人未经监理单位同意，擅自将工程分包，监理工程师应如何处置？

（7）你认为投资控制措施中第几项不完善，为什么？

⬛ 参考答案

（1）这些看法有些正确，有些不妥。

第 1 条正确，监理规划作为监理组织机构开展监理工作的纲领性文件，是开展监理工作的重要的技术组织文件。

第 2 条不正确，因为背景材料中给出的条件是，项目法人委托监理单位进行"实施阶段的监理"，所以监理规划不应仅限于"是指导施工阶段的监理工作"这一作用。

第 3 条正确，监理规划的编制不但应符合监理合同、项目特征、项目法人要求等内容，还应符合国家制定的各项法律、法规，技术标准，规范等要求。

第 4 条不正确，由于工程项目建设中，往往工期较长，所以在设计阶段不可能将施工招标、施工阶段的监理规划"一气呵成"地编写，而应分阶段进行"滚动式"编制。

第 5、6 条正确，因监理大纲、监理规划、监理细则是监理单位针对工程项目编制的系列文件，具有体系上的一致性、相关性与系统性，宜由粗到细形成系列文件，监理规划应符合监理大纲的有关内容，也应为监理细则的编制提出明确的目标要求。

（2）所讨论的监理规划内容中，第 2 条、第 3 条和第 4 条一般不宜编入监理规划。

（3）监理规划计划分阶段进行编制，在时间的安排上，设计阶段监理规划提交的时间是合适的，但施工招标和施工阶段的监理规划提交时间不妥。

施工招标阶段，应在招标开始前一定的时间内（如合同约定时间）提交项目法人施工招标阶段的监理规划。

施工阶段宜在施工开始前一定的时间内提交项目法人施工阶段监理规划。

（4）监理工程师在施工阶段应掌握和熟悉以下质量控制技术依据。

1）设计图纸及设计说明书。

2）工程质量评定标准及施工验收规范。

3）监理合同及工程承包合同。

4）工程施工规范及有关技术规程。

5）项目法人对工程有特殊要求时，熟悉有关控制标准及技术指标。

（5）监理规划中确定了对施工单位的资质进行审查，对总承包人的资质审查应安排在施工招标阶段对投标人的资格预审时审查，并在评标时也对其综合能力进行一定的评审。对分包人的资质审查应安排在分包合同签订前，由总承包人将分包工程和拟选择的分包人提交总监理工程师，经总监理工程师审核确认后，总承包人与之签订工程分包合同。

（6）如果监理工程师发现施工单位未经监理单位批准而擅自将工程分包，根据监理规划中质量控制的措施，监理工程师应报告总监理工程师，经总监理工程师批准或经总监理工程师授权可责令施工单位停工处理。

（7）在监理规划的投资控制四项措施中，第 4 条不够严谨，首先施工单位"实际完工工程量"不一定是施工图纸或合同内规定的内容或监理工程师指定的工程量，即监理工程师只对图纸或合同或工程师指定的工程量给予计量。其次"按实际完工工程量签证工程款付款凭证"应改为"按实际完工的经监理工程师检查合格的工程量签证工程款付款凭证"，只有合格的工程才能办理签证。

案例二

背景材料

某工程，项目法人与承包人及监理单位分别签订了施工阶段工程施工合同及监理合同。由于承包人不具备防水施工技术，故合同约定其防水工程可以分包。在承包人尚未确定防水分包人的情况下，为保证质量和工期，项目法人自行选择了一家专承防水施工业务的施工单位，承担防水工程施工任务（尚未签订正式合同），并书面通知总监理工程师和承包人，已确定分包人进场时间，要求配合施工。

监理单位为满足项目法人的要求，由专业监理工程师直接组织编制并向项目法人报送监理规划。监理规划的部分内容如下：

（1）工程概况。

（2）监理工作范围和目标。

（3）监理组织。

（4）设计方案评选方法及组织协调工作的监理措施。

（5）因设计图纸不全，拟按进度分阶段编写施工监理措施。

（6）对施工合同进行监督管理。

（7）施工阶段监理工作制度。

……

问题

（1）你认为上述哪些做法不妥？

（2）总监理工程师接到项目法人通知后应如何处理？

（3）《水利水电工程施工合同和招标文件示范文本》中对分包有哪些要求？

（4）你认为向项目法人报送的监理规划是否有不妥之处？为什么？

参考答案

（1）在工程背景材料中有三处不妥。一是项目法人违背了承包合同的约定，在未事先征得监理工程师同意的情况下，自行确定了分包单位；事先也未与承包人进行充分协商，而是确定了分包人后才通知承包人。二是在没有正式签订分包合同的情况下，即确定了分包人的进场作业时间。三是该项目的监理规划由专业监理工程师直接组织编制并报送给项目法人不妥，而应由项目总监理工程师主持编写、签发。

（2）总监理工程师首先应及时与项目法人沟通，签发该分包意向无效的书面监理通知，尽可能采取措施阻止分包人进场，以避免问题进一步复杂化。同时，总监理工程师应对项目法人意向的分包人进行资质审查，若资质审查合格，可与承包人协商，建议承包人与该合格的防水分包单位签订防水工程施工分包合同；若资质审查不合格，总监理工程师应与项目法人协商，建议由承包人另选合格的防水工程施工分包人。总监理工程师应及时将处理结果报项目法人备案。

（3）《水利水电工程施工合同和招标文件示范文本》指出，承包人不得将其承包的工程肢解后分包出去。主体工程不允许分包。除合同另有规定外，未经监理人同意，承包人不得把工程的任何部分分包出去。经监理人同意的分包工程不允许分包人再分包出去。承包人应对其分包出去的工程以及分包人的任何工作和行为负全部责任。即使是监理人同意的部分分包工作，亦不能免除承包人按合同规定应负的责任。分包人应就其完成的工作成果向发包人承担连带责任。监理人认为有必要时，承包人应向监理人提交分包合同副本。

发包人根据工程特殊情况欲指定分包人时，应在专用合同条款中写明分包工作内容和指定分包人的资质情况。承包人可自行决定同意或拒绝发包人指定的分包人。若承包人在投标时接受了发包人指定的分包人，则该指定分包人应与承包人的其它分包人一样被视为承包人雇用的分包人，由承包人与其签订分包合同，并对其工作和行为负全部责任。

在合同实施过程中，若发包人需要指定分包人时，应征得承包人的同意，此时发包人应负责协调承包人与分包人之间签订分包合同。发包人应保证承包人不因此项分包而增加额外费用；承包人则应负责该分包工作的管理和协调，并向指定分包人计取管理费；指定分包人应接受承包人的统一安排和监督。由于指定分包人造成的与其分包工作有关而又属承包人的安排和监督责任所无法控制的索赔、诉讼和损失赔偿均应由指定分包人直接对发包人负责，发包人也应直接向指定分包人追索，承包人不对此承担责任。

（4）监理规划部分内容中的第4条不妥。因为设计方案评选方法及组织设计协调工作的监理措施是设计阶段监理应编制的内容，而本工程项目是施工阶段监理，第4条内容不应该编写在施工阶段监理规划中。

监理规划部分内容中的第5条亦不妥。因为施工图不全不应影响监理规划的完整编写。

习　题

单项选择题

1. 监理大纲是由（　　）主持编写的。

A. 监理单位；B. 总监理工程师；C. 监理工程师；D. 监理机构。

2. 监理规划由（　　）主持编制。

A. 专业监理工程师；B. 总监理工程师；C. 项目法人；D. 监理单位。

3. 监理单位为承揽监理业务而编制的是（　　）。

A. 监理大纲；B. 监理细则；C. 监理计划；D. 监理规划。

4. （　　）不是工程建设监理规划的编写依据。

A. 监理合同；B. 工程建设合同；C. 监理大纲；D. 招标文件。

5. 为了（　　），项目监理组织应当根据需要制定监理细则。

A. 承揽到监理业务；B. 有效指导项目监理组织的有关部门开展监理实务作业；C. 有效指导工程项目建设的具体实施；D. 指导项目监理组织全面开展监理工作。

6. 监理规划中的监理工作内容应根据（　　）来定。

A. 工程建设监理规定；B. 工程建设监理合同通用条款；C. 工程建设监理合同专用条款；D. 项目法人的要求。

7. 监理单位通过投标竞争承揽业务时，其投标文件的核心内容为（　　）。

A. 监理规划；B. 监理费用；C. 监理大纲；D. 监理措施。

8. 根据监理工作需要，在（　　）应当制定监理细则。

A. 监理单位投标期间；B. 监理合同签订前；C. 监理规划制定后正式开展监理工作前；D. 开展监理工作过程中。

9. 监理规划是（　　）。

A. 开展项目监理工作的指导性文件；B. 开展项目监理的方案性文件；C. 项目监理的实施性和可操作性的业务文件；D. 监理单位开展监理业务的纲领性文件。

10. 监理大纲、监理规划、监理实施细则在（　　）上相同。

A. 编制对象范围；B. 编制时间；C. 作用；D. 编制对象。

第四章　建设监理组织

第一节　项目管理组织

组织理论分为两个相互联系的分支学科，即组织结构学和组织行为学。组织结构学侧重于组织的静态研究，以建立精干、合理、高效的组织结构为目的；组织行为学侧重组织的动态研究，以建立良好的人际关系为目的。本节重点介绍组织结构学部分。

一、组织的基本原理

（一）组织

所谓组织，是为了达到特定的目标，通过分工合作以及不同层次的权力和责任制度，而构成的人的集合。

组织的定义包含有三层意思：一是组织必须具有目标；目标是组织的前提，而组织又是目标能否实现的决定性因素。二是没有分工与协作就不是组织。组织机构适当的层次划分，是组织产生高效率的保证，如电影院的观众是有共同目的的，但没有分工与合作，所以不是组织。三是没有不同层次的权力和责任制度就不能实现组织活动和组织目标。分工后就赋予各人以相应权力与责任制度，若想完成一项任务，必须具有完成该项任务的权力，同时又必须负有相应的责任。

组织作为生产要素之一，与其它要素相比有如下特点：其它要素可以互相替代，如增加机器设备等劳动手段可以替代劳动力，而组织不能替代其它要素，也不能被其它要素所替代。它只是使其它要素合理配置而增值的要素，也就是说组织可以提高其它要素的使用效益。随着现代化社会大生产的发展，随着其它生产要素的增加和复杂程度的提高，组织在提高经济效益方面的作用也愈益显著。

（二）组织结构

组织内部各构成部分和各部分间所确立的较为稳定的相互关系和联系方式，称为组织结构。组织结构的基本内涵表现在以下几方面。

1. 组织结构与职权的关系

职权是指组织中成员间的关系，是以下级服从上级的命令为基础，而不是某一个人的属性。组织结构与职权形态之间存在着一种直接的相互关系。因为组织结构与职位以及职位间关系的确立密切相关，它为职权关系规定了一定的格局。

2. 组织结构与职责的关系

组织结构与组织中各部门的职责分配直接有关。有了职位就有了职权，也就有了职责。管理是以机构和人员职责的确定和分配为基础的，组织结构为职责的分配奠定了基础。

3. 组织结构与工作监督和业绩考核的关系

组织结构明确了部门间的职责分工和上下级层次间的权力和责任。由此奠定了对各部门、各级工作质量监督和业绩考核的基础。

4. 组织结构与组织行为的关系

组织结构明确了各个部门或个人分派任务和各种活动的方式。合理的组织结构，由于分工明确合理、权力与职责统一协调、有利于人力资源的充分利用，有利于增强个人、群体的责任心和调动工作积极性，团队精神好，战斗力强。相反，不合理的组织结构，可能由于分工不明，责任交叉，工作冲突或连续性差等原因，造成机构内部部门或个人间相互推诿、相互摩擦、影响工作效率和效果。

5. 组织结构与协调

在组织结构内部，由于各个部门或个人的利益角度不同，因此，处理问题的观点和方式可能有较大差别，经常影响到其它部门或个人的利益，甚至影响到组织的整体利益。组织结构规定了组织中各个部门或个人的权力、地位和等级关系，这种关系一定程度上讲是下级服从上级、局部服从整体的关系，因此，组织结构为协调关系、解决矛盾、调动各方的积极性，维护组织整体利益提供了保证。

（三）组织机构设置的原则

组织机构作为项目管理的组织保证，对项目管理的成败起着决定性作用。设计一个合理的、有效的组织机构应当体现以下原则：

1. 目的性原则

组织机构设置的根本目的是为了产生组织功能，确保项目总目标的实现。从这一根本目的出发，应因目标设事，因事设机构、定编制，按编制设岗位、定人员，以职责定制度。

2. 管理跨度和分层统一的原则

管理跨度是指一个主管人员直接管辖的下属人员的数量。适当的管理跨度，加上适当的层次划分和授权，是建立高效率组织的基本条件。管理跨度大，管理人员的接触关系增多，处理人与人之间关系的数量随之增大。管理跨度与层次划分的多少成反比，即层次多，跨度会小；层次少，跨度会大。因此，管理跨度的确定，需要根据领导者的能力和项目的大小、下级人员能力、沟通程度、层次高低进行权衡。美国管理学家戴尔曾调查41家大企业，管理跨度的中位数是6～7人。究竟多大的管理跨度合适，至今没有公认的客观标准，如国外调查表明以不超过5～6人为宜。结合我国具体情况，有人建议一般企业领导直接管辖的下级人员数应以4～7人为宜。

3. 系统化原则

由于项目是一个复杂的大系统，由众多子系统组成，各子系统之间，子系统内部各单位工程之间，不同组织、工种、工序之间存在着大量结合部，这就要求项目组织也必须是一个完整的组织结构系统，恰当分层和设置部门，以便在结合部上能形成一个相互制约、相互联系的有机整体，防止产生职能分工、权限划分和信息沟通上相互矛盾或重叠。要求在设计组织机构时以业务工作系统化原则作指导，周密考虑层次关系、分层与跨度关系、部门划分、授权范围、人员配备及信息沟通等，使组织机构自身成为一个严密的、完整的组织系统，能够为完成项目管理总目标而实行合理分工及和谐地协作。

4. 集权与分权统一的原则

集权是指把权力集中在主要领导手中；分权是指经过领导授权，将部分权力授予下级。事实上，在组织中不存在绝对的集权，也不存在绝对的分权，应根据工作的具体情况，使下级既具有一定的自主权和灵活性，又应该在大的原则问题上得到控制。

5. 分工与协作统一的原则

分工就是按照提高专业化程度和工作效率的要求，把组织的目标、任务分成各级、各部门、每个人的目标、任务，明确干什么、谁负责干、有何要求等，分工中应强调。

（1）尽可能按照专业化的要求来设置组织结构。

（2）每个人所承担的工作应该是他所熟悉和擅长的，这样才能提高工作效率。

在组织中有分工还必须有协作，明确部门之间和部门内的协调关系与配合，在工作中相互联系与衔接，找出易出矛盾所在，合理协调。

6. 责权一致的原则

责权一致的原则就是在组织中明确划分职责、权利范围，同等的岗位职务赋予同等的权力，做到责任和权力相一致。从组织结构的规律来看，一定的人总是在一定的岗位上担任一定的职务，这样就产生了与岗位职务相应的权力和责任，只有做到有职、有权、有责，才能使组织系统得以正常运行。例如，对驻地监理工程师委以施工质量监控的责任时，还应授予工程款支付签证权，这样才能对承包人具有约束力，才能保证质量监控任务的实现。责权不一致对组织的效能损害很大，权大于责就很容易产生瞎指挥、滥用权力的官僚主义；责大于权就会影响管理人员的积极性、主动性、创造性，使组织缺乏活力，往往在事实上又承担不起这种责任。

7. 精干高效原则

项目组织机构人员的设置，以能实现项目要求的工作任务为原则，尽量简化机构，减少层次，做到精干高效。人员配置不用多余的人，组织机构精简到最低限度，要以较少的人员，较少的层次达到管理的效果，减少重复和扯皮。

以云南鲁布革水电站建设为例，日本大成公司仅用33名管理和技术骨干，雇用420名中国劳务人员，承担了电站总工程量的1/6，我国水电十四局投入近1000人承担电站总工程量的5/6，两相比，人均承担工程量相差3.5倍以上。大成公司主要是把"尽量少用日本人"、"不用多余的人"、"一专多能"作为用人原则，一律不设副职作为精简机构的措施之一，为简化机构创造了良好的条件。

8. 适应性原则

组织机构所面临的管理对象和环境是变化的。组织机构不应该是僵死的"金字塔"结构，而应该是具有一定适应能力的"太阳系"结构。这样，才能在变化的客观世界中立于不败之地。

（四）组织活动基本原理

1. 要素有用性原理

运用要素有用性原理，首先应看到人力、物力、财力等因素在组织活动过程中的有用性，充分发挥各要素的作用，根据各要素作用的大、小、主、次、好、坏进行合理安排、组合和使用，做到人尽其才、财尽其利、物尽其用，尽最大可能提高各要素的有用率。

2. 动态相关性原理

组织系统内部各要素之间既相互联系，又相互制约，既相互依存，又相互排斥，这种相互作用推动组织活动的进步与发展。这种相互作用的因子，叫做相关因子。充分发挥相关因子的作用，是提高组织管理效应的有效途径。事物在组合过程中，由于相关因子的作用，可以发生质变。一加一可以等于二，也可以大于二，还可以小于二。整体效应不等于其各局部效应的简单相加，各局部效应之和与整体效应不一定相等，这就是动态相关性原理。

3. 主观能动性原理

人是生产力中最活跃的因素，组织管理者的重要任务就是要把人的主观能动性发挥出来，当主观能动性发挥出来的时候就会取得很好的效果。

4. 规律效应性原理

规律就是客观事物内部的、本质的、必然的联系。组织管理者在管理过程中要掌握规律，按规律办事，把注意力放在抓事物内部的、本质的、必然的联系上，以达到预期的目标，取得良好的效应。

二、建立工程项目监理组织的步骤

监理单位在组织项目监理机构时，一般按以下步骤进行，如图 4-1 所示。

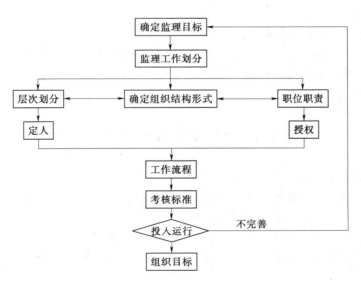

图 4-1　组织设置步骤

（一）确定建设监理目标

建设监理目标是项目监理组织设立的前提，应根据工程建设监理合同中确定的监理目标，划分为分解目标。

（二）确定工作内容

根据监理目标和监理合同中规定的监理任务，明确列出监理工作内容，并进行分类归并及组合，以达到监理目标控制为目的，并考虑监理项目的规模、性质、工期、工程复杂程度以及监理单位自身技术业务水平、监理人员数量、组织管理水平等。

（三）组织结构设计

1. 确定组织结构形式

由于工程项目规模、性质、建设阶段等不同，可以选择不同的监理组织结构形式以适应监理工作需要。结构形式的选择应考虑有利于项目合同管理，有利于控制目标，有利于决策指挥，有利于信息沟通。

2. 合理确定管理层次

监理组织结构中一般应有三个层次：①决策层。由总监理工程师和其助手组成。根据工程项目的监理活动特点与内容进行科学化、程序化决策；②中间控制层（协调层和执行层）。由专业监理工程师和子项目监理工程师组成。具体负责监理规划的落实，目标控制及合同实施管理；③作业层（操作层）。由监理员、检查员等组成，具体负责监理工作的操作。

3. 制定岗位职责

岗位职务及职责的确定，要有明确的目的性，不可因人设事。根据责权一致的原则，应进行适当的授权，以承担相应的职责。

4. 选派监理人员

根据监理工作的任务，选择相应的各层次人员，除应考虑监理人员个人素质外，还应考虑总体的合理性与协调性。

（四）制定工作流程与考核标准

为使监理工作科学、有序进行，应按监理工作的客观规律性制定工作流程，规范化地开展监理工作，并应确定考核标准，对监理人员的工作进行定期考核，包括考核内容，考核标准及考核时间。

第二节　建设监理的组织模式

一、直线制监理组织

这种组织形式是最简单的，其特点是组织中各种职位是按垂直系统直线排列的，可以适用于监理项目能划分为若干相对独立子项的大、中型建设项目，如图 4-2 所示。

监理工程师负责整个项目的规划、组织和指导，并着重整个项目范围内各方面的协调工作。子项目监理组分别负责子项目的目标值控制，具体领导现场专业组或专项监理组的工作。

这种组织形式的主要优点是机构简单、权力集中、命令统一、职责分明、决策迅速、隶属关系明确。缺点是实行没有职能机构的"个人管理"，这就要求总监理工程师博晓各种业务，通晓多种知识技能，成为"全能"式人物。

二、职能制监理组织

职能制的监理组织形式，是总监理工程师下设一些职能机构，分别从职能角度对基层监理组进行业务管理，这些职能机构可以在总监理工程师授权的范围内，就其主管的业务

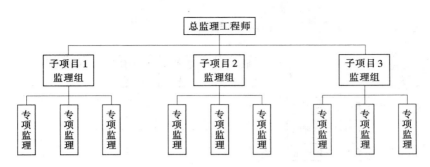

图 4-2　按子项分解的直线制监理组织形式

范围，向下下达命令和指示，如图 4-3 所示。此种形式适用于工程项目在地理位置上相对集中的工程。

这种组织形式的主要优点是目标控制分工明确，能够发挥职能机构的专业管理作用，专家参加管理，提高管理效率，减轻总监理工程师负担。缺点是多头领导，易造成职责不清。

三、直线职能制监理组织

直线职能制监理组织形式吸收了直线制和职能制组织形式的优点，如图 4-4 所示。其指挥系统呈线性，在一个指挥层上配有相应的职能顾问，他们为同层级的主管作参谋，无权向下一级主管直接发布命令和指挥。例如，二滩水电站现场监理组织机构，基本上采用这种形式。

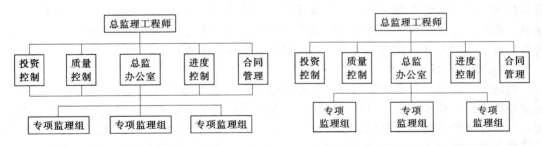

图 4-3　职能制监理组织形式　　　　图 4-4　直线职能制监理组织形式

这种形式的主要优点是集中领导、职责清楚，有利于提高办事效率。缺点是职能部门与指挥部门易产生矛盾，信息传递路线长，不利于互通情报。

四、矩阵制监理组织形式

矩阵制监理组织是由纵横两套管理系统组成的矩阵形组织结构，一套是纵向的职能系统，另一套是横向的子项目系统，如图 4-5 所示。这种模式适用于大中型工程项目的管理，同时有若干个子项目要完成，而每个项目又需具有不同专业或专长的人共同完成。如三峡永久性船闸工程现场监理组织机构就是矩阵组织结构。

这种形式的优点是加强了各职能部门的横向联系，具有较大的机动性和适应性，把上下左右集权与分权实行最优的结合，有利于解决复杂难题，有利于监理人员业务能力的培养。缺点是纵横向协调工作量大，处理不当会造成扯皮现象，产生矛盾。

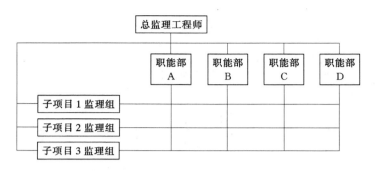

图 4-5　矩阵制监理组织形式

第三节　工程建设监理组织的人员配备

一、项目监理组织的人员结构

水电工程项目监理人员的配备，可根据监理内容、工程规模、施工难易程度，以及对工程施工进行有效控制管理为原则。项目监理组织的人员一般包括总监理工程师、监理工程师、监理员以及必要的行政管理人员，在组建时要注意合理的专业结构、合理的技术层次及年龄结构。

（一）合理的专业结构

项目监理组织各种专业人员的配备，与监理项目的性质及项目法人对项目监理的要求密切相关，对于水电工程项目，一般需考虑配置有水工、施工、地质、测量、材料试验、水机、电气、金属结构、建筑及概预算等专业人员。一般小型工程项目也至少要有设计、材料、施工三个专业的监理工程师和一般监理员及其他服务人员。

（二）合理的技术层次

监理工作虽是一种高智能的技术性劳务服务，但绝非是不论监理项目的要求和需要，追求监理人员的技术职务、职称越高越好。监理人员配备上应考虑不同层次的人员适当搭配，一个标准的现场监理组织，必须是由三个层次的不同专业的人员构成。合理的技术职称结构应是高级职称、中级职称和初级职称的比例与监理工作要求相称。例如京津唐高速公路施工，监理人员分为高、中、低级三个层次。其中高级职称人员约占 10％左右；中级职称人员约占 60％左右；初级职称人员约占 20％左右。

（三）合理的年龄结构

合理的年龄结构是指项目监理组织中的老中青的构成比例。老年人具有较丰富的经验和阅历，但身体条件受到一定限制，而青年人具有朝气、体力充沛，但缺乏经验。中年人介于两者之间，既积累了一定的经验，又具有良好的身体条件，理应成为现场监理机构的骨干，与适当的老年人和青年人一起，形成一个合理的年龄结构。

二、监理人员数量的确定

（一）影响因素

1. 工程投资密度

工程投资密度是指每年投资额的多少，是衡量一项工程紧张程度的标准。工程投资密度越大，投入的监理人力就越多，工程投资密度是确定监理人数的重要因素。

2. 工程复杂程度

每项工程都具有不同的情况，如地点、位置、规模、空间范围、自然条件、施工条件、后勤供应等，其复杂程度不同，则投入的监理人力也就不同。

3. 工程监理单位的业务水平

每个监理单位的业务水平有所不同，人员素质、专业能力、管理水平、工程经验、设备手段等方面的差异影响监理效率的高低。高水平的监理单位可以投入较少人力完成一个工程项目的监理工作，而一个经验不多或管理水平不高的监理单位，则需要投入较多的人力。因此，各工程监理单位应当根据自己的实际情况制定监理人员需要量定额。

4. 工程的专业种类

工程所需要的专业种类越多，所需要的人员就越多。

5. 监理组织结构和任务职能分工

监理组织结构人员的配备应满足任务职能分工的要求。

当然，在有项目法人方人员参与的监理班子中，或由施工单位代为承担某些可由其进行的测试工作时，监理人员数量应适当减少。

表 4 - 1　监理人员需要量定额（每 100 万美元/年）

工程复杂程度	监理工程师	监理员	行政文秘人员
简单	0.20	0.75	0.1
一般	0.25	1.00	0.1
一般复杂	0.35	1.10	0.25
复杂	0.50	1.50	0.35
很复杂	0.50+	1.50+	0.35+

（二）监理人员的人数确定

在工程范围内，应覆盖足够密度的监理人员，才能进行有效的监理，这是保障监理工作的重要一环。目前我国尚无公认的监理人数标准和定额，根据水利部水建〔1998〕15 号《水利水电工程设计概（估）算费用构成及计算标准》中规定折算监理人员为：中型工程 10～20 人，大Ⅱ型工程 25～50 人，大Ⅰ型工程 50～100 人，特大型工程 200 人以上。

由于我国的施工队伍机械化程度较低，国内工程的监理人员密度比国外工程监理人员密度偏大，特别是水利工程，技术要求复杂，检验频率较高。世界银行认为监理人员数量可根据"施工密度"及"工程复杂程度"而定。施工密度是指工程的年造价（百万美元/年）。工程复杂程度按五级划分为：简单、一般、一般复杂、复杂、很复杂。显然，简单级别的工程需要的监理人员少，而复杂项目就要多配置监理人员，监理人员需要量定额如表 4-1。

工程复杂程度指标主要是根据以下工程特征考虑：①设计活动多少；②工程地点位置；③气候条件；④地形条件；⑤工程地质；⑥施工方法；⑦工程性质；⑧工期要求；⑨材料供应；⑩工程分散程度等。

工程复杂程度定级可采用定量办法：根据工程实际情况，将构成工程复杂程度的每一因素予以评分，根据分值大小以确定它的复杂程度等级。如按十分制计评，则分值为：1～3 分、3～5 分、5～7 分、7～9 分者依次为简单、一般、一般复杂、复杂工程，9 分以上为很复杂工程。

例题　某工程分为两个子项目。合同总价为 3900 万美元，其中子项目 1 合同价为

2100 万美元，子项目 2 合同价为 1800 万美元，工期 30 个月，试确定监理人员数量。若该工程项目的监理组织结构如图 4-6 所示，按构成工程复杂程度的十个因素，根据本工程实际情况分别按十分制打分。具体情况见表 4-2。则根据监理组织结构情况，决定每个机构各类监理人员数量。

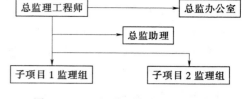

图 4-6　工程项目的监理组织结构

1. 确定工程投资密度

工程投资密度＝3900÷30×12＝1560 万美元/年

即工程投资密度为 15.6×100 万美元/年。

2. 确定工程复杂程度

根据计算结果，此工程列为一般复杂等级。

表 4-2　　　　　　　　　　工程复杂程度等级评定表

项　次	工程特征	子项目 1 估计分值	子项目 2 估计分值	项　次	工程特征	子项目 1 估计分值	子项目 2 估计分值
1	设计活动	5	6	7	工期要求	5	5
2	工程位置	9	5	8	工程性质	6	6
3	气候条件	5	5	9	材料供应	4	5
4	地形条件	7	5	10	工程分散程度	5	5
5	工程地质	4	7		平均分值	5.4	5.5
6	施工方法	4	6				

3. 根据工程复杂程度和工程投资密度套定额

从定额可查到相应定额系数如下：

监理工程师为 0.35；监理员为 1.1；行政文秘为 0.25。

各类监理人员数量如下：

监理工程师：　　0.35×15.6＝5.46 按 5～6 人考虑

监理员：　　　　1.1×15.6＝17.16 按 17 人考虑

行政文秘人员：　0.25×15.6＝3.9 按 4 人考虑

4. 根据实际情况确定监理人员数量

监理总部（含总监、总监助理和总监办公室）：监理工程师 2 人，监理员 2 人，行政文秘员 2 人。

子项目 1 监理组：监理工程师 2 人，监理员 8 人，行政文秘员 1 人。

子项目 2 监理组：监理工程师 2 人，监理员 7 人，行政文秘员 1 人。

习　　　　题

单项选择题

1. （　　）是一名上级管理人员所直接管理的下级人数。

A. 管理层次；B. 组织结构；C. 管理机构；D. 管理跨度。

2. 总监理工程师应当根据（　　）原理积极采取各种激励措施，将全体监理人员的积极性调动起来，努力实现监理目标。

A. 要素有用性；B. 主观能动性；C. 规律效应性；D. 动态相关性。

3. 一个组织内的管理跨度与管理层次之间是（　　）。

A. 没有关系；B. 正比关系；C. 反比关系；D. 不确定关系。

4. 具有纵横两套管理系统的项目监理组织形式是（　　）

A. 直线制；B. 职能制；C. 直线职能制；D. 矩阵制。

5. 具有命令统一、职责分明、决策迅速等优点的是（　　）项目监理组织结构形式。

A. 直线制；B. 职能制；C. 直线职能制；D. 矩阵制。

6. 整体效应不等于其局部效应的简单相加，各局部效应之和与整体效应不一定相等，这就是（　　）原理。

A. 要素有用性；B. 动态相关性；C. 主观能动性；D. 规律效应性。

7. 在项目建设监理中，进行作业控制的人员是（　　）。

A. 现场监理工程师；B. 专业监理工程师；C. 总监理工程师；D. 监理员。

8. 某监理组织中，总监理工程师下设一些职能部门，职能部门分别从职能角度为执行总监理工程师决策服务，但不能下达命令和指示，这种组织形式是（　　）监理组织。

A. 直线制；B. 职能制；C. 直线职能制；D. 矩阵制。

9. 监理单位调换（　　）须经项目法人同意。

A. 现场监理工程师；B. 专业监理工程师；C. 项目监理人员；D. 项目总监理工程师。

10. 建立并完善项目监理组织的工作主要应由（　　）负责。

A. 监理单位负责人；B. 监理单位技术负责人；C. 项目法人；D. 总监理工程师。

第五章 工 程 设 计 监 理

　　自 20 世纪 80 年代改革开放以来，我国的基本建设项目推行了项目法人负责制，招投标制、工程监理制和合同管理制，但设计阶段的工程设计监理比施工阶段的工程监理滞后很多，特别是勘察设计项目的招标投标和设计监理在许多行业还未真正实行。推行设计监理是完善项目法人负责制的一项重要措施，也是更好地控制工程项目设计质量、进度和费用的一项保证。

第一节　工程设计监理的意义

　　水利工程建设项目的目标与水平，只有通过设计才能使其具体化，并以此作为水利工程施工阶段的依据之一。由于设计工作完成质量的优劣，直接影响到工程项目的功能、使用价值和投资效益的实现，关系到国家财产和人民生命的安全。因此，监理人员在工程设计阶段必须按照设计监理的委托程序及监理依据，在监理合同的授权范围内，公正、科学地对工程设计阶段的项目进行监督管理，力求工程项目三大目标（投资、进度、质量）的顺利实现。

一、工程设计的内容

　　设计阶段的开始，标志着水利工程项目建设进入了实施阶段。作为实施阶段的开始，首先要确定工程项目的目标，使其符合项目法人所需的功能和合理的使用价值，满足项目法人的投资意图，同时，要考虑到资金、资源、技术、环境等因素的制约，以及有关环保、质量、防灾、抗灾、安全等技术标准和技术规程的要求。

　　作为水利工程项目具体化的设计，是对拟建工程在技术上、经济上及进度方面，所进行的全面而详细的安排，一般可划分为初步设计阶段和施工图设计阶段，重大项目和技术复杂项目，应增加技术设计阶段。

（一）初步设计

　　初步设计是根据已批准的可行性研究报告和准确的设计资料，对设计对象进行全面系统的研究分析，阐明其工程项目在技术上的可行性和经济上的合理性，规定各项基本技术参数，同时编制项目的总概算。

　　水利工程项目的初步设计，应充分利用水资源，综合已有水利工程设施和就地取材的原则进行。通过不同方案的分析比较，论证本工程及主要建筑物的等级标准。选定坝址、确定工程总体布置、主要建筑物型式和尺寸、水库各特征水位、装机容量、机组机型、制定施工导流方案、主体工程施工方法及工艺流程，施工总进度，对外交通及工程附属企业的规模，同时要考虑工程主要材料的种类用量，综合利用的情况及"三废"治理。并根据选定的方案进行设计和编制设计概算。根据国家规定，如果初步设计的总概算超过可行性研究报告确定的投资 10％以上或其它主要指标需要变更时，要重新报批可行性研究报告。

（二）技术设计

技术设计是对初步设计中的重大技术问题进行的更深一步的设计工作。它是在进行科学试验研究以后，进一步的具体初步设计中所采取的技术工艺、结构等方面的主要技术难题，并在此基础上编制修正总概算。

（三）施工图设计

施工图设计是在初步设计批准后进行，以初步设计或技术设计为编制依据。施工图分施工总图和施工详图两种形式，施工总图（平、剖面）上应标明设备、建筑物、结构、线路的布置以及高程和外形尺寸；施工详图上，应标明结构物的一切对象及配件尺寸，以及它们之间的连接，结构对象的断面图，材料明细表。同时，还需要编制施工图预算，以此作为投资拨款和竣工结算的依据。

二、工程设计监理的重要性

水利工程属关系国计民生的公共工程项目，多由国家投资。一般工程规模大，工期长，投入多，工程的设计方案受诸如水文、地质、气象、地貌自然条件，移民等社会条件影响较大。设计是工程建设的灵魂，一个建设项目是否合理的利用资源，枢纽布置、设备选型是否得当，技术、工艺流程是否合理先进，生产组织是否科学，能否以较少的投资取得较高的效益，在很大程度上取决于设计工作的质量。设计工作对建设项目在建设过程中的安全性、经济性和建成投产后能否充分发挥生产能力或工程效益，起着决定性的作用，因此，对设计进行有效的监督和管理是很有必要的。

设计监理的核心任务是进行项目目标控制，即投资、进度、质量目标控制。目前一些工程设计的监督体系几乎是一片空白，设计控制一般在部门，设计方案只用两三天功夫开个审查会就算通过了，虽然审查会有不少专家参加，但由于时间短，专家只能从大的方面判断，对于结构性细节处理不再做精细考虑，使得一些工程的安全令人担忧。对于设计进行监督，在国际上已有成功的经验。如在修建某跨海大桥时，由香港一家公司投资，其所做的第一件事，就是对设计进行审查；泰国修建一座大桥，加拿大投资方招标两家设计院，其中一家是专门用来监督另一家设计院的，中国大桥局设计院中标成了"其中一家"，到外国去审查别人的设计院，这在中国是从没有过的事。

（一）工程设计监理概念

推行项目法人负责制，就是由项目法人全权负责水利工程项目的资金筹措，征地移民，工程建设管理，协调社会各方关系等工作。因而项目法人理所当然要管理勘测设计工作，保证前期勘测设计工作按时提供优质勘测设计成果，以满足工程建设的招标投标和工程施工的需要。对于项目法人而言，他们通常缺乏勘测设计方面的专业知识，没有能力对勘测设计成果进行审查和管理。因而项目法人须借助外界的力量对工程的设计进行监督、控制和管理，以使工程的设计方案满足功能要求、安全、可靠，技术经济指标优化。设计监理就是监理单位受项目法人委托，对设计单位进行的勘测设计工作过程及勘测设计成果进行质量、进度以及工作费用实行控制和管理，以使设计单位提交满足勘测设计合同需要的、技术经济指标较优的勘测设计成果，并提供满意的技术服务。

　　设计阶段监理人员要运用科学的手段和方法，解决好在设计工作中投资、质量、进度三者之间的对立统一的关系，协助项目法人使工程在满足所需功能和使用价值的前提下，以合理的投资，保质保量地按时完成工程建设目标，提高项目经济效益。

　　（二）设计对工程投资的影响

　　俗话说：设计一条线，投资千百万，合理的设计能够降低工程造价。经验表明，施工阶段节约投资的可能性仅为 10%，而设计阶段节约投资的可能性大得多，可见在设计阶段进行投资控制的重要性。例如某开发区工程，项目法人审查设计时，发觉工程基础部分费用占比例过高，通过详细审核设计及咨询后，发现设计者的基础方案考虑欠妥，计算有误，经重新设计后，基础造价从 440 万元，降至 160 万元，比原来减少了一半以上。此外，由于我国传统的设计费计费办法是按工程造价的百分率计取的，工程造价越高设计费越高，这就会影响到设计者考虑降低工程造价的主动性。因此，进行设计监理，有利于对工程投资的有效控制。

　　（三）设计对工程质量的影响

　　据国外统计，民用建筑中，由于设计原因所发生的工程质量事故，所占比重高达40.1%，居各种原因之首如表 5-1。我国曾对建筑行业 514 项工程事故的原因进行统计分析，发现因设计原因造成的工程事故高达 40%。在某质量监督站对住宅建筑质量事故的统计中，设计原因也达 33%，居首位。

　　此外，设计阶段所造成的质量问题，常常是施工阶段难以弥补的，甚至有可能会带来全局或整体性的影响，从而影响到整个工程项目的实现。例如，我国黄河上游的三门峡水利枢纽工程，尽管该工程大坝的施工质量极佳，但由于设计中对泥沙问题考虑不周，工程竣工蓄水后，水库迅速淤积，虽然此后已进行了大规模的改建，但仍无法实现原设计目标。

表 5-1　工程质量事故统计分析表

质量事故的原因	所占百分比 （%）
设计责任	40.1
施工责任	29.3
材料原因	14.5
使用责任	9.0
其　它	7.1

此外，美国圣劳伦斯大坝由于设计中对地质情况估计错误，使大坝建成后难以蓄水使用。可见加强设计阶段质量监控对整个工程质量控制有着极为重要的意义。

　　（四）设计对工程进度的影响

　　工程项目的进度，不仅受施工进度的影响，而且设计进度和设计质量也往往会影响着整个工程项目的进度。一方面，设计图纸的供图计划能否顺利进行；另一方面，设计质量也对工程进度有重要影响。例如，某大型火电厂工程建设，一期工程为二台 35 万 kW 燃煤机组，总设计由意大利某公司负责，由于在设计中采用了新的自动控制系统，他们对此既无经验，又未很好地消化吸收，以致推迟了合同规定的投产时间，加之调试阶段问题层出不穷，工期一再拖延，使投产发电实际推迟近 20 个月，少发电约 40~50 亿 kW·h，间接影响产值近百亿元。

三、设计监理的工作程序及监理依据

　　（一）设计监理的工作程序

　　首先，监理单位根据自己的资质能力、监督范围及监理大纲，通过投标竞争或由项目法人直接委托的形式承接设计监理任务，签订"设计监理委托合同"，组建监理班子，明确任务内容和职责。收集和熟悉已批准的资料报告，在经过对项目法人提出的总投资、总进度和质量目标进行充分论证的前提下，根据总目标的要求编制项目设计准备阶段的投资、进度设计，拟定规划设计大纲，明确设计质量标准。组织设计招标，评定设计方案，选定勘察设计单位，拟定设计纲要，协助签订设计合同。在设计过程中，监理工程师则应与设计单位经常磋商、贯彻已确定的建设意图，跟踪检查设计是否控制在投资限额内，是否能够保证质量和进度要求，设计阶段监理工作流程如图 5-1。

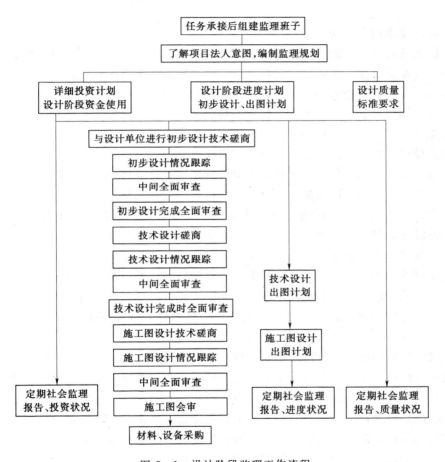

图 5-1　设计阶段监理工作流程

（二）监理依据

监理人在对项目法人的投资意图、所需功能和使用价值进行充分分析、研究、理解的基础上，监督检验设计成果，正确处理和协调项目法人、设计单位之间的关系，使项目法人所需功能与资金、资源、技术、环境、技术标准和法规之间相互协调，使水利工程设计达到统一规划、合理布局、节约用地、综合利用的目的。为此，设计监理依据包括以下内容。

（1）与项目法人签订的监理合同。

（2）有关水利工程建设的法律、法规、建设程序。

（3）项目可行性研究报告、项目评估报告及选址报告。

（4）有关工程建设的技术标准，如规范、规程、标准、定额等。

（5）设计规划大纲、设计纲要和设计合同。

（6）项目技术合同、资源、经济、社会协作方面的协议和资料。

第二节　工程设计监理

一、设计监理的范围和内容

设计监理就是在项目法人的授权范围之内，完成水利工程建设项目设计全过程的监理工作，即设计准备阶段、正式设计阶段、设计完成阶段的监理工作。设计准备阶段主要工作内容包括：接受项目法人委托；签订"设计监理委托合同"；组建监理班子；明确监理任务、内容、职责；收集、熟悉、分析可行性论证报告和有关批文、资料；充分了解项目法人意图要求，编制监理目标和评选工程设计方案；协助项目法人审查设计单位资质，选择勘察设计单位；拟定设计纲要；协助签订设计合同书。

正式设计阶段主要工作内容包括：监督管理勘察设计合同的实施；检查设计单位各阶段的设计是否贯彻了项目法人的建设意图；设计是否在投资限额内，是否能确保设计质量和进度；参与主要设备、材料的选型；协调各专业设计之间的配合、衔接、及时消除隐患；审查各阶段的设计内容是否符合有关技术法规和技术标准的规定；图纸是否符合施工实际条件，其深度是否满足要求。

设计完成阶段主要工作内容包括：组织设计文件和图纸的验收、报批；组织设计交底和图纸会审；处理设计变更和设计事故；全面审查工程设计概算和施工图纸是否在限额之内；设计文件图纸的规范性、安全性、先进性、技术合理性、施工可行性和设计进度情况。同时，编写出设计监理的总结报告。

二、设计阶段的投资、进度与质量控制

在设计阶段监理工程师与设计单位深入分析，处理好投资、质量、进度三者之间的关系，使其达到对立的统一。

设计阶段的投资控制，就是要追求投资的合理化。所谓合理的投资，是指满足项目法人所需功能和使用价值的前提下，所付出的费用最小。绝非单纯的追求投资越少越好，或以牺牲项目的功能和使用价值为代价去追求投资的最小化。

设计阶段的质量控制，就是要追求质量的合理化。所谓合理的质量，是指在一定投资限额下，能达到项目法人所需要的最佳功能和质量水平。

由此可见，在设计阶段监理中，既不能不顾投资的制约，过分的追求功能越全，质量标准越高越好；亦不能牺牲必要的功能和质量标准，过分强调节省投资，追求投资越少越好。在质量和投资两者之间，一般来说，质量居主导地位，项目投资的多少，应由项目合理的质量目标及水平确定；与其说投资的控制，实际上是通过对项目质量目标及水平的控制，进而达到对项目投资的控制。

设计阶段的进度控制，是从实现项目总目标出发，对设计工作进度的计划、监督协

调。设计工作的进度，要受到基础资料提供、设计文件报批、设计承包方式、社会协作条件等多种因素的制约。同时，它又影响项目的实施进度和其它环节的开展。所以，设计进度的问题，不能单纯从缩短设计周期出发，而应对有关方面的计划、进度予以综合、协调，从有利于实现项目总工期，提高项目综合经济效益为目标。为了缩短项目的建设周期，还应妥善处理好设计工作进度与施工进度的协调、配合问题。在遵循"不要超前、合理搭接"的原则下，可采取边设计、边施工的方式，但在这种情况下，更要有严密的计划，以保证工程质量和施工正常进行。

（一）设计阶段的投资控制

设计阶段的投资控制重点是针对设计全过程的投资进行控制，追求投资的合理化。对于水利工程建设投资的控制，有效使用建设资金的有力措施是在项目设计过程采用限额设计。

1. 限额设计的概念

限额设计是指按照已批准的投资估算进行初步设计，并控制工程总概算，按照已批准的初步设计总概算进行施工图阶段的设计，控制施工图预算，以保证总投资限额不被突破。

限额设计的实行并不是说采用一切方法，一味地降低投资，而是在保证水利工程使用功能的前提下，实事求是，用科学的方法精心设计，按各专业分配的投资限额控制各阶段的专业设计，避免出现不合理的设计变更。

要使限额设计顺利进行，首先要保证工程项目可行性报告的合理性、准确性及严肃性，使国家核准的总投资额，能满足工程项目的使用功能建设的需要。这就要求可行性研究阶段，要对工程项目的各环节进行全面地分析、研究、比较、论证。做好项目上马前的各项工作，使工程总投资额与批准的单项工程的数量、标准、功能相一致。使确定的设计标准、规模以及有关概预算等的基础资料准确合理。

在限额设计过程中，应将限额设计的思想贯彻设计的每一个阶段，每一个专业，每道工序之中。通过层层分解，实现对投资限额的控制与管理，实现对设计规模、标准、工程数量与投资指标等各方面的控制。

由于水利工程项目涉及面广，设计内容多，结构复杂，同时，受地形、地质、水文和气象等条件影响大。因此，在进行限额设计时，要加大对可行性研究、初步勘察设计、技术设计、施工图设计等各阶段的纵向与横向的控制。

2. 限额设计纵向控制

纵向控制是对从初步设计到施工图设计全过程的全面跟踪控制检查。初步设计是设计人员将可行性研究报告的设计原则，技术标准，各项经济指标进一步具体化。严格按限额设计分解的投资和控制工程量进行各专业设计，并以单位工程为考核单元。在初步设计时，设计人员应该实事求是地根据工程的实际情况，准确、合理地编制出设计文件及工程概算。在此阶段监理人员除对设计内容、设计标准、设计规模进行审查外，还应审查工程概算的合理性和准确性，以保证初步设计的概算不超过已批准的投资限额。

（1）审查设计概算。对设计概算的审查内容有：设计概算编制依据的合法性，即设计单位所采用的各种编制依据是否经过国家或授权机关的批准，是否符合国家编制的规定。

在定额（指标、材料价格、取费标准）选用过程中是否符合规定的适用范围，在基价计算中，是否有擅自提高定额、指标或费用标准的情况。

作为设计概算构成的审查，在熟悉掌握水利部及各地水利主管部门有关编制概算的规定、依据、程序和编制方法基础上，认真仔细地对概算的内容、综合概算进行审查。

概算内容审查的重点，对建筑工程应放在建筑工程量的计算是否符合设计图纸、计算规则和施工组织设计的要求，是否有漏项、重复计算、精确度不够的现象；采用的定额是否与适用范围相适应，能否满足设计要求。特别是需要对现行定额或指标进行补充调整时，要认真审查补充调整的定额在其内容、编制调整的原则、步骤、方法与相关规定是否一致；审查材料预算价格时，对于外购材料，着重审查材料原价的确定方法、准确性及是否符合现行的有关规定，运输费用是否合理，是否存在化整为零，提高运价的情况；各项费用的审查，要结合工程的实际特点，审查各项费用所包含的内容是否存在重复计算或遗漏的现象；取费标准是否按有关规定准确执行；要防止对调整材料预算价格以外的差价或议价材料的价差，计取各项费用情况的出现。

对于安装工程，应对设备清单及安装费用的计算分别进行审查。检查其设备原价、运杂费的计算是否符合有关规定，以及设备的数量种类是否符合设计，设备安装工程概算的工程量、概算指标是否合理，计算结果是否达到精度要求。避免一些不需要安装的设备也计算了安装费。对于综合概算和总概算的审查，主要是审查概算的编制是否符合国家的方针政策。概算的文件组成是否完整，工程项目是否与设计内容相一致，概算投资是否完整地包括从建设项目筹建到竣工投资的全部费用；概算所反映的建设规模、结构、标准、总投资是否符合设计任务书和文件的要求，在总体布置和工艺流程方面，审查总体内容的项目是否合理，是否符合布置原则，工艺流程安排是否按照生产需要合理进行安排，避免工艺倒流，造成生产管理上的困难及浪费。

（2）审查施工图预算。施工图设计是工程项目设计的最终成果，这就要求施工图设计必须严格按已批准的初步设计所确定的范围、内容、项目和投资概算进行，其造价严格控制在概算所确定的投资额之内，并有所节约。在这个阶段限额设计的重点应放在各项目工程量的控制上，一般情况，应以审定的初步设计工程量作为控制工程量，经过进一步审定后，即作为施工图设计工程量的最高限额，不得随意调整突破。只有当工程地质、设备、材料、物资供应等有所变化时，才允许在一定范围之内调整，但必须经过严谨细致地分析核算。如有重大变更时，原初步设计已经失去了其指导意义，则必须重新编制或修改初步设计文件，重新报原审批单位审批。这时的投资控制额以批准的新的或修改后的初步设计概算为准。

在施工图设计阶段，为控制投资，监理工程师应对已完成的施工图预算加强审查，提高施工图预算的准确性和合理性。其重点放在工程量计算是否准确，预算定额套用是否正确，取费标准是否符合现行规定等。在审查前，监理人员必须根据工程性质，熟悉了解施工图纸、工程内容、定额资料，有关取费标准的现行文件规定、工程技术难点等内容。同时，选择合适的审查方法，按相应内容进行审查。目前，对于水利工程预算的审查方法主要有：全面审查法、重点审查法、经验审查法、分解对比审查法。

1）全面审查法是指按照施工图的要求，结合有关预算分项工程中的工程细目，逐条、全面地进行审核的方法。此法的特点是全面、细致、审核质量高。但审核的工程量太大，一般适用于工程内容少、工艺简单、编制工程预算力量薄弱的设计单位所承包的工程。

2）重点审查法就是对工程量大造价较高的项目、补充单价、各项费用的计取标准及计算方法等预算中的重点内容进行审查的方法。此方法的特点是突出重点，审查时间短，效果好。

3）经验审查法是监理工程师根据自己所积累的工程实践经验，对施工图设计所包含的容易发生差错的工程项目（如土的分类、平整场地、砌石基础等）作为重点，加以审查的方法。

4）分解对比审查法是将一个单位工程，按直接费与间接费进行分解，然后再把直接费按工种工程及分部工程进行分解，分别与审定的标准图进行对比分析的方法，即把拟审的预算造价与同类型的定型标准施工图的预算进行比较，如果出入不大，就不再审查。如果超出或少于已审定的标准设计施工图预算造价的1％或3％以上，再按分项工程进行分解对比，哪里出入大，就进一步审查那一部分工程项目的预算价格。

监理工程师无论采用何种方法进行审查，在审查施工图预算时，应把重点放在工程量的计算、预算单价套用、各项取费标准三个方面的内容上。

工程量审查，应将工程项目中的工种工程作为审查单元，如土方工程、灌浆工程、混凝土及钢筋工程，金属制作安装工程，施工导流工程，电气照明工程等。主要审查各工程的尺寸、数量、材料、设备、规格、品种、型号的计算方法准确性是否符合定额计算的规定，是否达到设计标准，是否与设计图纸相一致，有无漏项及重复计算的现象。

预算单价的套用审查，主要审查预算中，所列各分项工程预算单价是否与预算定额的单价相符，其名称、规格、计算单位和内容是否与单价估价表一致；对于换算的单价，检查换算内容及方法是否符合规定，换算是否正确；补充定额的编制是否符合编制原则，单位估价表是否正确。

各项费用的审查，主要审查建筑安装企业是否按相应工程类别计取费用，间接费用计取基础是否正确；计划利润和税金的计取基础和费率是否符合现行有关规定；在其它直接费计取过程中，有无巧立名目，重复计算，乱摊费用的现象。

只有这样，在设计过程中，层层分解，层层把关，监理工程师严格仔细地审核各设计阶段的投资金额，才能保证限额投资的顺利完成。

3．限额设计的横向控制

为确保限额设计的顺利进行，在设计阶段不仅要进行纵向控制。而且要加强限额设计的横向控制，即建立健全和加强设计单位的经济责任制，正确处理好责权利三者之间的关系。设计时按设计过程，按专业进行工程投资的分配，并分段考核，下阶段的设计指标不超过上阶段的指标。

为控制工程建设投资，设计单位以国家批准的设计概算静态总投资作为项目设计的最高限额。对超过工程静态总投资限额承担经济责任，其责任范围包括：永久性建筑工程、机电设备及安装工程和金属结构及安装工程的工程项目、工程量、设备数量、未计价装置性材料量的增减、型号、规格变动造成的投资增加；施工导流围堰工程和场内施工交通工程发生的量差造成的投资增加；设计单位违反规定，擅自提高建设和永久机电设备及金属结构标准，增加初步设计以外的工程项目等原因造成的投资增加；由于初步设计深度不够，设计标准选用不当，使得在技术设计或施工图设计阶段工程量、机电金属结构和设备数量及型号有较大变动且未经原审查部门同意导致增加的投资；未经原审批部门同意，其它部门要求设计单位提高工程建设标准，增加建设项目，并经设计单位出图增加的投资；因水库淹没实物指标调增造成的费用增加；工程科研试验费用超出等范围内引起的投资增加承担经济责任。而对由于国家政策变动、计划调整，工资物价上涨后的价差；有关取费标准的改变；经过合理的调整后，经审批单位同意后增加的投资；其它特殊情况，如施工过程中发生超标准洪水和地震等以上范围内所增加的投资不承担责任。

为鼓励设计单位，在保证工程安全和不降低功能的前提下，节约工程投资，则应根据节约投资额的大小对设计单位实行奖励。如水利部 1990 年规定：对于节约建筑工程投资，按节约额度的 5％～12％提成，对于节约永久设备及安装工程投资，按节约投资额度的 2％～5％提成。同时对于设计单位的责任，增加了工程静态投资 4％以上时，应根据超过相应概算静态投资的大小实行惩罚；超过限额 10％以内者，10％以上部分，扣相应比例 1.5 倍的设计费；超过限额 20％以上者，扣相应比例 2 倍的设计费；超过 30％以上者，如无特殊原因，建议设计证书批准部门降低设计单位的设计等级。

（二）设计阶段的质量控制

设计质量就是在严格遵守技术标准、法规的基础上，正确处理和协调资金、资源、技术、环境条件的制约，使设计项目能更好地满足项目法人所需的功能和使用价值，并充分发挥项目投资的经济效益。为此，监理工程师应针对项目法人提出的总投资、总进度和质量目标，结合拟建水利工程的实际情况和质量控制依据进行充分的论证，明确设计的质量标准，追求质量的合理化，即在一定投资限额下，使设计成果达到项目法人所需的最佳功能和质量水平，确保设计文件达到规范性、结构安全性、工艺先进性、技术合理性的要求。这就要求监理工程师根据工程设计的程序开展对设计阶段的质量控制工作。

1. 设计准备阶段的质量控制

监理工程师在与项目法人签订"设计监理委托合同"后，首先要检查各项原始资料及有关批文、报告（如可行性研究报告、项目评估报告、征地批文等）是否完整，是否能满足设计要求的基本需要条件。然后熟悉、了解、掌握、领会基本资料及项目法人意图，在切实掌握项目的设计特点和关键问题后，即可根据建设项目的可行性研究报告的质量水平和标准，以及建设项目总目标的要求，编制设计大纲。要确保设计大纲的内容建立在可靠物质资源和外部建设条件基础上。其内容一般包括工程项目建设的目的和依据，建设规模，各专业设计的原则要素，资源、水文、地质、原材料、运输等条件；资源综合利用和"三废"治理要求，建设地点及占用土地的估算；防洪、抗灾等要求；建设工期；投资控制过程中要求达到的经济效益和技术水平等内容。设计大纲要经项目法人鉴定，将作为项目设计的指导性文件，对投标的勘察设计单位进行资质审查，协助项目法人组织并参与评标工作，优选勘察设计单位。通过设计招标确定中标人后，监理工程师应协助项目法人与中标人签订设计承包合同，规定各自的责任和义务。

2. 设计过程的质量控制

（1）设计基础资料的审查。设计采用的基础资料或数据的合理性、准确性、可靠性和充分性，是关系到设计质量的首要问题。基础资料包括设计采用的规范、标准、法规以及地质、水文、气象等勘测和社会调查资料等类成果。在勘测资料中，有关地质勘测成果占有重要地位，应予以特别重视。为确保勘测工作所提供的气象水文、地质等原始资料的全面性和准确性，监理人员应督促勘测单位将勘测基本工作内容，分解到各勘测部位，并编入勘测设计大纲，按照经审批的勘测设计大纲，检查督促勘测工作的进度，以使设计工作基于坚实的基础之上。如果勘测资料存在问题，常会导致设计成果出现重大的质量问题，如 1996 年，广东省肇庆市的一座大楼突然在一夜之间从地面上消失了，原来这座楼的地基下面是一个大溶洞，地质结构的微妙变化，使这座大楼掉在溶洞中。这样的地方本是不应盖楼的，然而领导为了抢时间让大楼工程上马，勘察工作没有到位，本应采 100 个点作为地基的地质结构样本，只采了 20 个点，于是出现了大楼消失的怪事。某工程，由于地质勘测工作疏忽，对山体稳定认识不足，设计失误，施工开挖中才发现滑坡现象，虽及时修改设计采取措施，但却增加了数百万元投资，并延误了工期。另有一工程，在施工时才发现该工程置于具有考古价值的唐代古墓群之上，而造成大面积停工达十个月之久。显然，如果能够事先按有关规范及标准的要求加强地质勘测工作的深度及广度，提高勘测成果的质量，使之符合设计的实际需要，上述这些问题是可以发现和避免的。

（2）设计方案的审查。加强设计方案的审查，以保证项目设计符合设计大纲的要求，符合国家有关工程建设的方针、政策、设计标准、规范、技术先进合理、充分发挥工程项目的效益。设计方案的审查，应贯穿于初步设计和招标设计两个阶段。它包括总体方案和各专业设计方案两部分内容的审查。其中总体方案主要审核其设计规模、设计依据、生产工艺和技术水平、项目组成及布局、防洪抗灾能力等内容的可靠性、合理性、先进性和协调性是否满足决策质量目标。此外，还应特别注意工程设计总体的协调性和总体功能的发挥，不能为了节约投资，片面地削弱某部分的功能，造成总体协调性的破坏。例如，我国东北地区某水厂工程，在总体方案设计中，作为主体的工艺设计非常先进，居国内外领先水平。但对于配套的供热系统，为了压缩投资，设计十分落后。当时由于未实施监理，未获纠正，以致在投入运行后，因供热温度过低，自动化仪表不动作或误动作，导致临时性停产频繁。不得已在投产 1 年后又再投资改造，遭受了不应有的损失。

对于专业设计方案的审核应从不同角度分别进行，其重点是审核各项设计方案的设计参数，设计标准、设备和结构造型、功能和使用价值等方面。其审核内容通常包括：设计方案的审核（如建筑物整体布置方案、主体建筑物设计方案和地基处理方案）。施工组织设计方案的审核（如施工导流工程方案、施工技术工艺流程方案、施工进度计划、施工总体布置等）。机电设计方案的审核（如水轮机及辅助设备的造型及布置方案，发电机选型、接线形式及其它电气配套设施的造型及布置方案等）。对于设计方案的审核不能只作为技术问题来处理，需要与实际联系起来，此阶段的设计质量控制工作，主要是协助设计单位做好设计方案的技术经济分析，并在此基础上进行设计方案的审核。

3. 设计图纸的审核控制

作为设计最终成果的图纸，是施工的直接依据，是设计质量的反映。因此，监理工程师应重视图纸的审核。设计图纸的审核，是由项目总监理工程师负责组织各专业工程师按设计程序分阶段实施。

初步设计阶段的审核重点在于工程项目所采取的技术方案是否符合总体方案的要求。以及是否达到项目决策阶段确定的质量标准。其中设计图纸应满足以下深度要求：

（1）设计方案的比较、选择和确定。

（2）主要设备、材料的订货。

（3）土地征用和移民安置。

（4）项目总投资控制。

（5）施工和生产准备的安排等。

技术设计阶段的图纸审核侧重于各专业设计是否符合预定质量标准的要求。由于工程项目的质量与所需的投资是成比例关系的，所以，监理工程师还需审核相应的概算文件，只有符合设计质量要求，投资费用又不突破最高限额时，设计才能通过。

施工图设计阶段的图纸审核是审核施工图纸在建筑物、设备、管线等工程的尺寸、布置、选材、构造、相互关系等内容是否满足施工的需要，图纸及说明是否详细完整，能否作为指导施工的直接依据，图纸所反映的使用功能及质量要求是否得到满足。施工图纸除应满足技术质量要求外，其深度还应满足施工条件的要求，并应对各专业图纸间的错、漏、缺和相互不协调之处予以特别注意。例如，我国某科技情报所建筑工程设计中，建筑设计人员对采光设计是采用的茶色玻璃，而电气设计人员在设计照明自控系统时，计算室内照明度是按无色玻璃采光制定的。由于事先未发现，以致建成投入使用后，照明回路开关频频跳闸，经检查才找出故障原因，不得已重新修改了设计，并进行返修，造成了不应有的损失。

监理工程师对设计图纸和设计文件的审核要进行质量评定，并将质量评定报告、设计图纸和设计文件，送交项目法人签认。

4. 设计交底与图纸会审

为了使施工单位熟悉图纸，了解工程特点以及关键部位的质量要求，同时，也为了减少图纸的差错，监理工程师还应组织进行设计交底。对于图纸中存在的问题及技术难题，三方协商，拟定解决办法，写出会议纪要。

图纸会审的内容包括：

（1）是否无证设计或越级设计；图纸是否经设计单位正式签署。

（2）地质勘探资料是否齐全。

（3）设计图纸与说明是否齐全；有无分期供图的时间表。

（4）设计地震烈度是否符合当地要求。

（5）几个设计单位共同设计的图纸相互有无矛盾；专业图纸之间、平立剖面图之间有无矛盾；标注有无遗漏。

（6）总平面与施工图的几何尺寸、平面位置、标高等是否一致。

（7）防火、消防设备是否满足要求。

（8）建筑结构与专业图纸本身是否有差错及矛盾；结构图与建筑图的平面尺寸及标高是否表示一致；建筑图与结构图的表示方法是否清楚；是否符合制图标准；预埋件是否表示清楚；有无钢筋明细表，钢筋的构造要求在图中是否表示清楚。

（9）施工图中所列各种标准图册施工单位是否具备。

（10）材料来源有无保证，能否代替；图中所要求的条件能否满足；新技术的应用有无问题。

（11）地基处理方法是否合理，建筑与结构是否存在不能施工的技术问题，或容易导致质量、安全、工程费用增加等方面的问题。

（12）工艺管道、电气线路、设备装置、运输道路与建筑物之间或相互间有无矛盾，布置是否合理。

（13）施工安全、环境卫生有无保证。

（14）图纸是否符合大纲所提出的要求。

（三）设计阶段的进度控制

设计阶段的进度控制，是以实现工程项目总工期为出发点，对设计工作进度进行的计划、监督和协调。此外，由于设计进度控制是施工进度控制的前提，因此，必须对设计进度进行控制，以保证设备和材料的进度，进而保证施工进度。

设计阶段进度控制的主要任务是出图控制，监理工程师要对设计单位提出的各阶段的进度计划和专业的出图计划进行认真细致的审核，并在设计实施过程中采取有效手段进行跟踪检查计划的执行情况，发现问题及时纠正，使工程设计人员能如期完成从初步设计到施工图纸设计各阶段的设计工作，并提交相应的设计图纸及说明。

1. 确定设计进度的目标体系

设计进度控制的最终目标是保质、保量、按时提供施工图设计文件。为了使设计工作能够在这个总目标下顺利进行，要对工程设计的各阶段，设立阶段性目标和各专业目标，使设计人员在有明确的进度目标下进行各阶段的设计工作，保证设计控制总目标的实现。设计进度控制目标主要是随着设计工作的逐渐深入，从设计准备工作开始到施工图纸结束的各设计阶段定出时间目标。其目标体系包括：设计准备工作时间目标，即规划设计条件确定的时间、提供设计基本资料的时间、选定设计单位及商签设计合同的时间；初步设计、技术设计时间目标（即根据工程建设的具体情况，确定包括设计文件报批时间在内的、合理的初步设计和技术设计周期）；施工图设计时间目标（即确定合理的施工图设计交付图纸说明的具体时间）。为了有效地控制工程设计进度，在实施时，还可以把各阶段的进度目标，在各专业进行分解，使其具体化。

2. 编制设计进度控制计划体系

在确定目标体系后，工程设计人员就要根据已确定的各阶段的时间目标，编制设计总进度控制计划、阶段性设计进度计划及设计进度作业计划体系，以此作为今后设计工作的时间依据。

设计总进度控制计划主要用来控制自设计准备至设计完成的总设计时间及各设计阶段的安排，从而确保设计进度控制总目标的实现。

阶段性设计进度计划主要包括：设计准备工作进度计划、初步设计（技术设计）工作进度计划、施工图设计工作进度计划。这些计划是用来控制各阶段的设计进度，以实现阶段性设计进度目标。

专业设计进度作业计划应根据施工图设计工作进度计划、单项工程设计工日定额及所投入的设计人员数量来编制，以实现控制各专业的设计进度。

3. 设计进度的控制

为确保设计合同的履行，设计单位应采取有效措施，控制工程设计进度。按时交付完成施工图纸和设计文件。这就要求设计单位成立计划部门，负责设计年度计划的编制，建立健全设计技术经济定额，以此编制切实可行的总设计控制计划、阶段性设计进度计划和设计进度作业计划并进行考核，实行设计工作经济责任制，认真实施设计进度计划，力争设计工作有条不紊地合理搭接地进行。定期对计划执行情况进行检查，发现问题及时地对进度进行调整。把职工的经济利益与其完成任务的数量、质量挂钩，发挥设计人员的主观能动性。

为加强设计阶段监理的监督控制管理工作，社会监理单位接受项目法人的设计监理委托后，在监理班子中，应有专人负责设计进度的控制。按合同要求进行设计进度的动态控制管理，使各设计阶段的每一张图纸及文件的进度都在监理人员监控范围之内。这就要求监理工程师在设计工作开始之前，对设计单位编写的各阶段设计进度表进行仔细的核查，提出自己的见解，在进度计划实施过程中，监理工程师应定期对设计工作的实际完成情况进行检查，与计划进度进行对比分析。发现偏差就应在分析原因的基础上，提出相应的措施，加快设计工作的进度。避免出现因设计进度拖延而导致施工进度受影响的情况出现，确保工程建设总进度目标的实现。

习　　题

单项选择题

1. 设计阶段监理人对勘察、设计合同有（　）的权利。

A. 审查设计方案和设计结果；B. 选择设计单位；C. 代替项目法人签订设计合同；D. 辞退不合格的设计单位。

2. 设计阶段监理人须（　）。

A. 根据需要变更设计合同；B. 参与设计工作；C. 协调上级主管部门与设计单位的关系；D. 监督设计合同的履行。

3. 工程设计监理的基本任务是保障工程项目的（　）。

A. 安全可靠性、适用性、经济性；B. 适用、经济、美观；C. 设计优化；D. 使用功能。

4. 监理人在进行设计监理时，应当力求使工程设计满足工程项目的（　），也就是设计出的工程项目既能方便生产又能方便生活。

A. 安全性；B. 可靠性；C. 适用性；D. 经济性。

5. 在我国，设计单位内部成立的监理单位（　）监理本设计单位所设计的工程项目。

A. 最为适合；B. 不允许；C. 一般可以；D. 一般不宜。

6. 工程设计监理的基本任务是（　）。

A. 编制设计要求、协助选择设计单位、设计跟踪监理、设计文件验收；B. 控制投资、控制设计质量、控制设计进度；C. 保证工程项目安全可靠性、适用性、经济性；D. 保障项目法人正确决策、避免设计失误、优化工程设计。

7. 一般来说，对工程项目的要求是既要合理的质量，又要合理的投资，要达到这个目标，主要是在（　）做好控制工作。

A. 决策阶段；B. 设计阶段；C. 施工阶段；D. 可行性研究阶段。

8. 监理人对施工图纸的审核，应注重于审核施工图纸是否反映（　）及质量要求是否得到满足。

A. 项目概算限额；B. 项目的使用功能；C. 初步设计意图；D. 工期控制目标。

9. 工程项目设计阶段的监理工作的侧重点应为（　）。

A. 工程设计方案的比选；B. 设计文件的验收；C. 设计进度控制；D. 协调设计单位内部各部门之间的工作关系。

10. 设计阶段的监理，一般指由建设项目已经取得立项批准文件后，从编制设计任务书开始到完成施工图设计的（　）监理。

A. 招标工作；B. 合同条款；C. 全过程；D. 概预算。

第六章 施工招标阶段的监理

施工招标是一种分派建设任务的方法，在国际上被广泛用于工程建设之中。所谓施工招标投标就是项目法人通过公告等形式，招引或邀请具有承包工程能力的施工企业参与投标竞争，从而取得承包工程建设任务的一种方式。招标投标制是水利工程建设管理体制改革的重要内容，它的建立有利于开展公平竞争、鼓励先进、促进技术进步。推行招标投标制，其目的是维护水利建设市场秩序，保护国家利益和招标投标人的合法权益，以达到缩短建设工期、提高工程质量、降低工程造价和提高投资效益。水利部 2002 年颁发了 14 号令《水利工程建设项目招标投标管理规定》，以规范水利工程建设项目招标投标管理工作。

水利工程建设监理规定指出，招标人应在施工投标前选择监理单位介入工程建设。监理单位受招标人委托，主要是组织招标工作，参与招标文件和标底的编制，参与评标、定标以及协助招标人与中标人签订工程承包合同等工作。

第一节 项目发包与承包的组织模式

水利工程施工招标可根据建设项目规模大小、技术复杂程度、工期长短、施工现场管理条件等情况，采用全部工程、单位工程或者分项工程等形式进行招标。施工招标项目发承包方式的研究与比较，直接关系到项目目标的控制和管理的方便，以及监理组织机构的设置和人员配备。工程建设项目发包与承包组织模式主要有以下六种方式。

一、平行承发包

平行承发包即为分标发包，招标人将建设项目分解为多个目标，分别发包给多个设计单位和多个施工单位，各单位之间关系平行。分标以有利于项目管理、有利于吸引施工企业竞争为原则，如图 6-1。

平行承发包的优势在于，可发挥不同承包人的专业特长，多发一个包，投标人就增加了一个中标机会，而且每个分项合同比总的合同更容易落实。多个单位同时进行，可以缩短项目建设周期，加快工程进度。这种模式对工程质量的控制有有利的一面，因为它符合质量受他人控制的原则。例如两个单位分别承包砌墙与装修，当墙砌得不平整时，装修单位不会在不合格的墙体上抹

图 6-1 平行承发包

灰。如果一个单位承包砌墙与装修，墙没砌好，就会赶快把灰抹上去，以掩盖问题。

平行承发包对项目组织管理不利，多个单位参与建设，组织管理工作量相当大；对合

同管理不利，招标人需和多个设计、施工单位签订合同；对投资控制不利，工程总造价要等所有合同签完才知道；对进度协调不利，各个设计单位的进度要协调，各个施工单位的进度要协调，设计与施工单位之间的关系还要协调，协调工作量大；各标之间结合部位可能因职责不清、配合不当等原因，造成的质量问题，是控制的难点。

由于水利工程建设项目投资大（几亿元、几十亿元、几百亿元），工期长（几年、十几年不等），各部分质量标准、专业技术工艺很不相同，对承包人的施工组织、施工能力、施工机械设备和技术等方面均有很高的要求，如不分标，就会使有能力的投标人数大大减少，投标对手的减少，容易导致报价较高，不能获得比较合理的报价，故采用平行承发包，尽管协调工作量大，但可以通过管理来克服。

例如漫湾水电站，混凝土重力坝坝高 132m，混凝土方量 210.5 万 m^3，总装机容量 150 万 kW，批准总投资 10.48 亿元，总工期 9 年。实行平行承发包，将电站的施工准备工程分为 13 个小标，主体工程分为 4 个大标，机电工程分为 3 个大标和若干附属设备小标。其出发点：一是从初步设计结束到招标设计的时间较短，如以电站或主体工程作为一个总标进行招标，工程规模大，难以形成竞争，设计也难跟上提前发电的总进度目标；二是施工准备工程具有地域宽、相互干扰小，可以同时容纳多个施工单位进点作业；三是分标细有利于竞争。实践证明，13 项施工准备工作同时开工，赢得了时间，使电站提前一年截流，经济效益显著，根据当时统计，全部招标工程标价总和低于标底的总和。

二、设计（或施工）总承包

目前我国中、小型水利工程采用这种设计和施工分别总承包的发包模式较多，如图 6-2。

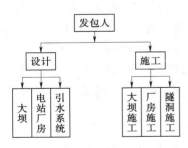

图 6-2 设计（或施工）总承包

设计（或施工）总承包这种模式对项目组织管理、合同管理有利，项目法人只需分别与设计总包单位、施工总包单位签订合同，合同管理简单，协调工作量小。因设计（或施工）总承包便于项目的统一协调管理，对投资控制比较有利，对进度和质量控制则各有利弊。

采用这种模式一般规定：设计（或施工）总包单位无监理人的事先同意，不得将工程的任何部分分包出去；承包人不得将整个工程转包出去；如监理人同意分包，也不应解除合同规定的承包人的任何责任或义务。这样可以避免一些单位中标后无心施工，而将工程进行多重分包、转包，从中收取"管理费"、"质保金"。若工程被层层转包，真正的施工人员多是一些临时拼凑的民工团体，工程质量将无法保证，而且管理层次多，管理费用高，导致工程造价高，真正干活的人拿的钱并不多，为了多挣钱，只有在工程中偷工减料，粗制滥造。

三、施工联营体

随着工程建设项目规模的不断扩大，以及施工技术的日益复杂，施工联营体在国际工程承包工程中应用十分广泛，如图 6-3。它是由两个或两个以上企业法人组成联营体，进行联合投标，联合投标应出具联合协议书，明确责任方和联营体各方所承担的工程范围和责任，并由责任方做为联营体的法人代表。中标后，施工联营体以联合的名义与招标人

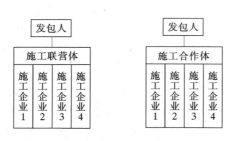

图 6-3 施工联营体   图 6-4 施工合作体

签约，并共同实施工程项目，联营体根据投入量进行经济分配。这种承包模式在我国一些大型、巨型水利工程中应用较多。

联营体承包的优势主要体现在：经济实力雄厚，专业种类齐全，专业技术水平高，各企业施工资金和施工风险责任小，有能力承担技术复杂的大型工程施工，中标概率高。对于涉外工程，联营体承包可以吸收工程所在国的施工企业参加联营体，他们熟悉本国情况，有利于开拓经营。

联营体承包的缺点主要表现在：联营体各成员在经营观点和经营策略等方面存在差异，投标时各施工企业倾向于提高自己施工部分的价格，总报价偏高。

小浪底水利枢纽工程，采用国际招标建设。以意大利英波吉罗公司为责任方的联营体中标大坝工程，以德国旭普林公司为责任方的联营体中标泄洪工程，以法国杜美兹公司为责任方的联营体中标发电设施工程。这些公司中标后，又将各自项目中的部分工程以工程分包或劳务分包的形式分包给其它外国公司和中国公司。例如，泄洪工程标中的部分混凝土浇筑工程分包给了美国罗泰克公司；部分制浆工作分包给了罗地欧公司；进水口、出水口、导流洞的开挖和混凝土衬砌工程以劳务分包的形式包给了中国水电联营体及水电十一局、七局等单位。如此分包，在小浪底造成了错综复杂的生产关系。

四、施工合作体

施工合作体在形式上与施工联营体承包模式相同，都是以联合的名义与招标人签约，并共同实施工程项目，如图6-4，但其在本质上与施工联营体有很大差别。合作体内部各承包人投入各自的施工人员、机械、资金、管理人员等，经济利益分配相当于内部分别独立承包，在技术上、经济上各自独立负责，自负盈亏。这种承包模式的优缺点与联营体承包基本相同，由于是一个松散的合作体，一般不设置统一指挥机构，但需推选1~2个成员企业互相协调。

五、工程项目总承包

工程项目总承包即建设全过程承包，也称"一揽子承包"或"交钥匙承包"，如图6-5。它是指招标人仅仅提出工程项目的使用要求，而将勘测设计、材料设备采购、工程施工及试生产等全部工作委托一家承包人，竣工后接过钥匙即可启用。总承包人需具备较强综合承包能力，协调管理能力和风险应变能力，并拥有组织项目实施的全部权力。总承包人可以自行完成全部任务，也可以在取得招标人认可的前提下，分包部分任务给分包人，在工程施工的管理结构中，表现为招标人按施工合同约束总承包人履行义务，总承包人以分包合同来约束和管理分包人，招标人与分包人之间没有合同关系，因而在经济上也没有直接联系，分包人的一切款项，只能按照分包合同由总承包人支付。这种发承包模式在我国一些大型项目中，一般都取得了工期短、质量高、投资省的良好效果，但在大型、巨型水利工程中应用起来有困难。

工程项目总承包的特点是：责任明确、合同关系简单明了，易于项目统一协调控制，

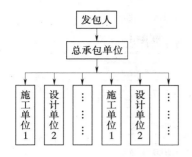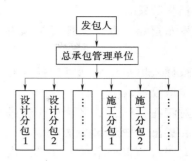

图 6-5　工程项目总承包　　　　　　　图 6-6　工程项目总承包管理

减少了结合部及其协调工作量，有利于成本控制，便于按照现代化大生产方式组织项目建设。对于招标人来说，可以依靠总包单位的综合管理优势，解除因项目复杂和缺乏项目管理经验而带来的后顾之忧。对于总承包人来说，这种承包方式工作量最大，工作范围最宽，承担了一切风险，因而合同内容也最复杂。

六、工程项目总承包管理

工程项目总承包管理又叫"工程托管"，工程项目总承包管理单位从招标人那里承揽工程项目的设计和施工任务之后，经过招标人的同意，又将所承接的设计与施工任务，全部转包出去，如图 6-6。项目总承包管理单位只有管理人员，没有设计和施工力量，主要从事工程项目管理。这种项目管理是站在总承包人的立场上的管理，不是站在项目法人立场上的"监理"，项目法人还要有自己的项目管理和监理。

目前水利建筑市场不规范的一个很重要的原因，是由于项目法人行为不规范，甚至由于项目法人素质低，难以担当项目建设责任主体的责任。如何规范和约束项目法人的行为，可通过借鉴一些发达国家的管理经验，并积极培育一批专业性的项目建设管理公司（项目代建机构），通过委托或招标方式承担工程项目的建设管理工作，从根本上避免搞一个工程临时组建一个建设管理班子的现象，克服只有一次教训没有二次经验的弊端，全面提高水利建设管理的总体水平。这种方式就是项目法人将可行性研究、场地准备、规划、勘察设计、材料供应、设备采购、施工监理及工程验收等全部工作，都委托给工程项目管理专业公司去做。这种专业性的项目建设管理公司，是站在项目法人立场上的项目管理，与工程项目总承包管理有很大的不同。

第二节　施工招标的工作程序

施工招标程序是招标工作的重点所在，规范招标程序，加强招标管理，才能顺利开展招标工作。施工招标一般可分为三个阶段，即招标准备阶段、招标阶段、决标阶段，见图 6-7。三个阶段的主要工作如下：

一、招标准备阶段

（1）申请招标。按项目管理权限向水行政主管部门提交招标报告备案。

（2）编制招标文件。组织编制招标文件和标底并报水行政主管部门。

二、招标阶段

（1）发布招标信息，发售资格预审文件。

（2）投标人填报资格预审文件和有关资料，申请投标。

（3）对潜在投标人资格预审文件进行审核，并提出资格预审报告。

（4）向资格预审合格的潜在投标人发售招标文件。

（5）组织购买招标文件的潜在投标人现场踏勘，并接受投标人对招标文件有关问题要求澄清的函件，对问题进行澄清，及书面通知所有潜在投标人。

（6）组织成立评标委员会，并在中标结果确定前保密。

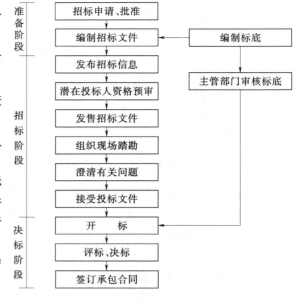

图 6-7　招标的程序

三、决标阶段

（1）组织开标评标会。

（2）在评标委员会推荐的中标候选人中，确定中标人。

（3）向水行政主管部门提交招标投标情况的书面总结报告。

（4）发中标通知书，并将中标结果通知所有投标人。

（5）进行合同谈判，并与中标人订立书面合同。

第三节　招标实施中监理工程师的工作

监理工程师在建设项目实施过程中，处于一个非常关键的地位，在招标投标过程中，应协助招标人，从招标准备、组织招标、决标及签订施工承包合同等一系列过程中作好各项工作。

一、申请招标

建设工程项目有繁有简，根据国家计委的规定，初步设计批准就达到了招标的要求。一般认为大型水利工程建设项目主体工程，在初步设计更深入一些时候招标比较合适。招标人向水行政主管部门提交招标报告备案时，必须完成一定的准备工作。招标报告具体内容应当包括：招标已具备的条件、招标方式、分标方案、招标计划安排、投标人资质（资格）条件、评标方法、评标委员会组建方案以及开标、评标的工作具体安排等。

（一）必须进行招标的工程

《水利工程建设项目招标投标管理规定》指出，符合下列具体范围并达到规模标准之一的水利工程项目必须进行招标。

1. 具体范围

（1）关系社会公共利益、公共安全的防洪、排涝、灌溉、水力发电、引（供）水、滩涂治理、水土保持、水资源保护等水利工程建设项目。

（2）使用国有资金投资或者国家融资的水利工程建设项目。

（3）使用国际组织或者外国政府贷款、援助资金的水利工程建设项目。

2. 规模标准

（1）施工单项合同估算价在200万元人民币以上的。

（2）重要设备、材料等货物的采购，单项合同估算价在100万元人民币以上的。

（3）勘察设计、监理等服务的采购，单项合同估算价在50万元人民币以上的。

（4）项目总投资额在3000万元人民币以上，但分标单项合同估算价低于本项第（1）、（2）、（3）条规定的标准的项目，原则上都必须招标。

（二）招标工程应具备的条件

（1）初步设计已经批准。

（2）建设资金来源已落实，年度投资计划已经安排。

（3）监理单位已确定。

（4）具有能满足招标要求的设计文件，已与设计单位签订适应施工进度要求的图纸交付合同或协议。

（5）有关建设项目永久征地、临时征地和移民搬迁的实施、安置工作已经落实或已有明确安排。

监理工程师在协助招标人申请招标时，要严格按照文件的规定，使工程建设招标条件逐一落实，这样可以避免诸如因设计深度不够，签订施工合同后再进行设计变更，引起承包人索赔，即便是单价合同，如果工程量的变动影响到承包人的施工布置、施工设备和劳动力的配置，也会引起重新议定单价的问题。比如，水口水电站，因对招标图纸进行了多项重大修改，结果导致了巨额索赔。总之，在条件不具备时，不能贸然招标。

（三）招标机构

我国招标工作机构主要有两种形式，一是由招标人负责全部招标工作，二是委托具有相应资质的监理单位、咨询单位等代理机构进行招标。招标工作机构通常由三类人员组成：决策人员、专业技术人员、一般工作人员。

1. 招标人自行招标

招标人自行招标的前提是：

（1）招标人具有项目法人资格（或法人资格）。

（2）具有与招标项目规模和复杂程度相适应的工程技术、概预算、财务和工程管理等方面专业技术力量。

（3）具有编制招标文件和组织评标的能力。

（4）具有从事同类工程建设项目招标的经验。

（5）设有专门的招标机构或者拥有3名以上专职招标业务人员。

（6）熟悉和掌握招标投标法律、法规、规章。

招标人负责招标时，工作人员一般是从招标人各有关部门临时抽调的，不利于培养专业化的人员和提高招标工作水平，而且在法制不健全、对腐败现象缺乏有效监督的环境下，招标人自行招标不能保证招标的公平、公正。

2. 代理机构招标

如果招标人不具备以上的条件，可委托具有相应资质的监理单位、咨询单位等代理机构进行招标，代理机构承包技术性和事务性的工作，决策权为招标人所有。这些专业性的代理机构具有系统的经验和完整的工作程序，与招投标双方均无直接或间接（经济、隶属、收益分成）利益关系，从制度上可保证招标的公平和公正。

（四）分标方案

工程分标是招标准备工作的重要内容之一，工程分标合适与否，将影响到招标、投标和合同管理全过程能否顺利实施。其一般作法是监理工程师委托设计、咨询单位，按照工程初步设计、施工组织设计、工程总体布置和施工条件进行分标方案的优劣比较，提出推荐意见，然后经招标人审定并报主管部门备案，对于大型水利工程还必须经主管部门批准。例如，黄河小浪底水利枢纽工程的分标是由主管部门审定批准的。

工程分标的基本原则是：

（1）便于管理。如分标过多，各标之间有很多结合部，这些结合部是项目管理中的难点和重点，合同管理及协调的工作量大。

（2）有利于招标竞争。如果分标少，各标工程规模大，对投标人资格条件要求高，有能力参与竞争的承包单位少，不利于降低报价。

（3）划清界限、明确责任。分标应特别划清承包人和项目法人之间及承包人之间的责任界限，如果分标不当，各自的责任界限不清，容易形成进度扯皮、质量难保的局面。

（4）分标时尽量保持单个建筑物的整体性，或按单项工程分标。这样可以减少各标之间的相互干扰。例如，某水库工程混凝土大坝分左右岸两个标，结果在施工过程中，经常发生相互干扰，相互影响和制约，从而引起索赔争议，并增加了监理工程师协调控制工作的困难。

（5）准备工程与主体工程分别招标。主体工程的招标必须是在初步设计批准以后，如果把准备工程列入主体工程同时招标，将会增加总工期，影响工程效益的发挥。在主体工程招标之前，项目法人可以把主要的准备工程和临时设施先行分为多个小标进行招标，为主体工程承包单位创造一个好的施工条件。一般情况下准备工程包括场外公路，场内干线道路、大型桥梁、供水、供电、通信设施等。例如小浪底水利枢纽工程的准备工程项目共29项，即南、北岸对外公路各一条、跨黄河特大型桥一座、场内干线公路10条、供水系统4个、110kV和5个35kV供电系统，此外还有铁路转运站、砂石和反滤料生产系统、拌和系统、营地建设和导流洞施工支洞等，经过两年的艰苦努力，完成了四通（通水、通电、通信、通路）一平（平整场地）的施工现场，有着宽阔的施工公路，充足的施工电源，现代化的通信手段，公寓、别墅式的居住环境，为正式开工、外商进点提供了良好的工程环境。

（6）有利于提高外资利用效益。为了有利于利用外资的项目，采用先进的施工技术和施工设备，将那些可以自己干的、不影响主体工程实施的项目分离出来，另行招标。

（7）有利于发挥承包人的特长。施工企业往往在某一方面有其专长，如果按专业划分合同，可以增加对某一专项施工有特长的承包人的吸引力。

分标还要防止潜在的索赔风险，比如四川二滩水电站主体工程分为大坝标和地下工程标，由于导流隧洞划在地下工程标中，如果不能按期提供导流条件，必然会影响大坝标按时进行坝基开挖，并造成索赔。

（五）招标方式

招标方式的选择取决于一个工程项目的分标数量和合同形式。水利工程建设项目施工招标可采用下列方式：

1. 公开招标

依法必须招标的项目中，国家重点水利项目、地方重点水利项目及全部使用国有资金投资或者国有资金投资占控股或者主导地位的项目应当公开招标。

公开招标由招标人在国家发展计划委员会指定的媒介发布招标公告。其中大型水利工程建设项目以及国家重点项目、中央项目、地方重点项目同时还应当在《中国水利报》发布招标公告。招标公告不得限制潜在投标人的数量。

公开招标有助于打破垄断，开展竞争，提高工程质量，缩短工期和降低成本。它有利于招标人在较大的范围内，从众多的潜在投标人中选择报价合理、工期较短、信誉良好的承包人。但这种招标方式时间长、花费大。

2. 邀请招标

经有关部门批准可进行邀请招标的项目有：

（1）项目总投资额在 3000 万元人民币以上，但分标单项合同估算价低于 200 万元人民币。

（2）项目技术复杂，有特殊要求或涉及专利权保护，受自然资源或环境限制，新技术或技术规格事先难以确定的项目。

（3）应急度汛项目。

（4）其它特殊项目。

这种招标方式的优点是可以选择信誉较高，经验丰富的承包人，而且同公开招标相比，招标时间较短，费用较小。缺点是可能漏掉某些技术进步快，报价有竞争力的新企业。采用邀请招标方式，招标人应当向 3 个以上有投标资格的法人或其它组织发出投标邀请书。投标人少于 3 个的，招标人应当重新招标。

二、招标设计

（一）编制招标文件

招标文件（标书）是整个招标过程中所遵循的基础性文件，是投标人编制投标文件、招标人编制标底的主要依据，也是合同的重要组成部分。一般情况下，招标人和投标人之间不进行或进行有限的面对面交往，投标人只能根据招标文件的要求编写投标文件，因此，招标文件是联系、沟通招标人与投标人的桥梁，招标文件的完整、严谨与否，直接影响到招标的质量，也是招标成败的关键，因此，有一份高质量的招标文件就显得异常重要，水利工程施工招标文件的主要内容包括商务文件、技术条款和招标图纸。

1. 商务文件

（1）投标邀请书。大中型水利工程施工招标通常都采用资格预审，投标邀请书只需发给经资格预审合格的单位。

（2）投标须知。投标须知是指导投标人正确和完善履行投标手续的文件，目的在于避免造成废标。

(3) 合同条款。合同条款主要是使投标人明确，中标后作为承包人应承担的义务和责任，并作为洽商签订正式合同的基础。

(4) 协议书、履约担保证件和工程预付款保函。协议书是一份标准的格式文件，经当事人双方在空格内填写具体的内容并签字盖章后，发生法律效力。履约担保证件包括履约保函和履约担保书。保函是当事一方为避免因对方违约而遭受损失，要求对方提供可靠的担保。履约保函是保证承包人按照合同规定履行合同，如果承包人违约，发包人可从保证人处兑取履约担保金。履约担保书与履约保函不同，当承包人违约时，发包人不能立即从保证人处兑取履约担保金，而首先要求保证人代替承包人履行合同。若保证人认为自身无能力履行合同时，可征得发包人同意后，推荐新的施工队伍履行合同，或支付担保金额。

(5) 投标报价书、投标保函和授权委托书。投标报价书是投标人投标的主要文件。投标保函是为了防止投标人在报价或投标被接受后，修改或撤回其投标书，从而对招标人造成损失。授权委托书是投标人的法定代表人授予其委托代理人处理合同投标工作的证明文件。

(6) 工程量清单。工程量清单是投标人计算标价和招标人评标的依据。

(7) 投标辅助资料。

(8) 资格审查资料。

2. 技术条款

技术条款是合同双方责任、权利和义务的具体工作内容。

3. 招标图纸

招标图纸是招标文件和施工合同的一个重要组成部分，也是投标人编制施工组织和进行估价报价的主要依据。

有些工程因急于早日施工，招标文件编制的时间过短，一些合同条款内容不严谨，给工程结算造成困难和麻烦；因设计深度不够，施工中变更不断，造成招标内容与实际结算内容差异较大；有些工程项目施工特性研究欠周，施工措施不妥，于是在施工过程中，大量补充合同，造成投资失控。

(二) 编制标底

标底是招标人对招标项目所需费用的预先测算数，是招标人判断投标人报价合理性、可靠性以及评标、定标和选择承包人的主要依据。施工招标必须编制标底，标底由监理工程师组织有关人员，根据设计图纸和国家有关规定进行编制，标底应按照保证工程质量，合理确定工程成本，控制工程概算，鼓励平等竞争的原则编制，起到保护招标人和投标人合法权益的作用。

1. 标底编制原则

(1) 招标项目划分、工程量、施工条件等应与招标文件一致。

(2) 应根据招标文件、设计图纸及有关资料按照国家和部颁发的现行技术标准、经济定额标准及规范等认真编制，不得简单的以概算乘以系数或用调整概算做为标底。

(3) 在标底的总价中，必须按国家规定列入施工企业应得的 7% 计划利润。

(4) 施工企业基地补贴费和特殊技术装备补贴费可暂不计入标底，使用方法另行规定。

（5）一个招标项目，只能有一个标底，不得针对不同的投标人而有不同的标底。

2．评标标底

标底是招标人的绝密资料，不能向任何无关人员泄露，一般投标报价超过标底5％以上，应视为废标，对超过标底下限民用工程5％，工业交通项目7％，水利工程8％，应视为废标，可见标底的保密性多么重要。

评标标底可采用：

（1）招标人组织编制的标底 A。

（2）以全部或部分投标人报价的平均值作为标底 B。

（3）以标底 A 和标底 B 的加权平均值作为标底。

（4）以标底 A 值作为确定有效标底标准，以进入有效标内投标人的报价平均值作为标底。

标底要报上级部门审核。审核的目的是为了保证标底的合理性，准确性和公正性。标底偏低，直接损害中标人的利益，最终将伤害招标人的利益和国家的利益。

例如，1997 年 7 月 12 日浙江常山特大楼房坍塌事故，造成十多名住户遇难。两栋五层楼的住宅，建筑面积共计 5000m²，总投资 140 万元，招标人土建标底是 280 元/m²，中标价 219 元/m²，而当时该地住宅的合理造价应在 330～360 元/m² 之间。过低的报价使得承包人不择手段地偷工减料，粗制滥造。

三、发布招标信息

招标阶段监理工程师首先发布招标信息，一般是刊登在有影响的报刊上。其内容包括：招标机构名称、邀请目的、招标项目的简况、资金来源、投标人的资格条件以及发售资格预审文件的地点、时间、价格等。

四、审查投标人资格

招标过程中的一个重要程序，就是对投标人进行资格审查，其目的是：通过分析投标人的法律地位、技术水平、经济和财务状况、商业信誉和管理经验，全面准确地了解投标人所具有的实力和能力。对于监理工程师来说，通过审查进行筛选，淘汰基本不合格的投标人，可减少评标工作量。对于投标人来说，通过预审可以减少竞争对手。对于不合格的投标人来说，可以免去不必要的开支，如购买标书费用、算标人员的工资和差旅费用、材料设备的询价费用和调研费以及银行的保函手续费等。对投标人进行资格审查的内容有：

1．法人地位

审查法人地位的合法性，手续是否齐全，签字是否合法。投标人的经营范围与本项目招标内容是否相符。

2．资质证书、营业执照、资信证明

资质证书是企业等级实力的标志，审查资质不能简单地视为交验资质等级证书。应针对工程特性检查企业有无相应的实践经历、所建工程的规模和完成情况，企业是否拥有这方面的专门技术人才。有些大型企业资质等级和实际能力很高，但实际承担施工的队伍力量远远无法代表其所在企业的整体能力，所以就资质来说，应根据工程规模确定资质选择对象，或局、或处、或队，这样选择确定的施工队伍比较可靠。

3. 近 3 年财务状况

经济与技术能力是企业的实际竞争能力，是实力的体现。财务状况审核可进一步细分为若干指标。有时还审查可用于工程的流动资产总额是否符合要求，以及其资金来源、银行信用证、信用额度等。

4. 技术资格

主要是评审投标单位人员的能力、经验、组织管理工程经验以及施工设备方面的状况等。缺乏对这些方面的了解就作出评价、判断，往往招致合同执行中的被动。例如，某项工程招标，授予一家各方面实力较强的单位，整个施工过程处于正常状态。而另一个处在同一工作面的施工单位，装备陈旧，资金严重缺乏，施工中几乎全靠工程来形成生产能力，尽管按时拨款，按时结算，施工仍难以为计，为了工程进度，不得不加大预拨和借款来维持生产，影响了合同的执行。

5. 施工经验

投标人应具有与招标工程的规模和性质相类似工程的施工经验。如云南鲁布革水电站，引水隧洞长 9400m，洞径 8m，资格预审中规定承包人至少要有洞径 6m，长 3000m 的压力隧洞施工经验。不少承包人由于洞径不足 6m，或长度不足 3000m，或虽符合要求，但不是水工压力洞，而被评为不合格。小浪底水利枢纽工程的泄洪工程，资格预审中规定承包人必须达到三条硬性指标，一是完成 9m 内径混凝土衬砌隧洞 2000m 或 6m 内径隧洞超过 6000m；二是至少完成 1 个混凝土方量超过 60 万 m^3 的水工建设物（混凝土坝、进水塔、消力池或溢洪道）；安装过类似小浪底工程闸门尺寸的弧形门和平板门，这样才能及格并通过资格预审。

五、组织现场踏勘及标前会

招标文件发售后，为使各投标人更好地理解招标文件，监理工程师要组织投标人现场踏勘及标前会，由设计负责人及监理工程师系统地介绍工程情况和设计要求，并组织有关设计、勘测、科研及经济等方面的专家对投标人提出的问题逐条研究、澄清，并将所有的答疑以书面的补充通知形式送达各投标人。

六、接受投标文件

投标人按规定的时间和地点报送投标文件，监理工程师负责接收和管理，在接受投标文件时，应注意检查投标文件的密封、签章等外观情况。对于招标项目多、投标人数量大的情况，为防止和减少投标文件接收过程中的工作差错，可编制投标文件接收作业文件，对投标文件接收程序作明确规定。

七、组织开标、评标、定标

（一）开标

招标人应按招标文件所规定的时间、地点开标。监理工程师当众启封投标文件及补充函件，公布各投标人的报价及招标文件规定需当众公布的其它内容，投标文件有下列情况之一者无效。

（1）投标文件密封不符合招标文件要求的。

（2）逾期送达的。

（3）投标人法定代表人或授权代表人未参加开标会议的。

（4）未按招标文件规定加盖单位公章和法定代表人（或其授权人）的签字（或印鉴）的。

（5）招标文件规定不得标明投标人名称，但投标文件上标明投标人名称或有任何可能透露投标人名称的标记的。

（6）未按招标文件要求编写或字迹模糊导致无法确认关键技术方案、关键工期、关键工程质量保证措施、投标价格的。

（7）未按规定交纳投标保证金的。

（8）超出招标文件规定，违反国家有关规定的。

（9）投标人提供虚假资料的。

（二）评标

评标标准和方法已在招标文件中载明，评标方法可采用综合评分法、综合最低评标价法、合理最低投标价法、综合评议法及两阶段评标法。评标标准分为技术标准和商务标准。

1. 施工评标标准

（1）施工方案（或施工组织设计）与工期。

（2）投标价格和评标价格。

（3）施工项目经理及技术负责人的经历。

（4）组织机构及主要管理人员。

（5）主要施工设备。

（6）质量标准、质量和安全管理措施。

（7）投标人的业绩、类似工程经历和资信。

（8）财务状况。

2. 评标

监理工程师可组织由专家组成的评标委员会，独立地、科学地、公正地进行评议。这些专家是从评标专家库中选取，以担任评标委员，他们分别来自上级主管部门、流域机构、省水利厅、大专院校、科研机构及勘测设计单位等。

评标委员会按照已批准的评标程序和评标方式进行评标，评标程序可采取多阶段筛选、综合复议等方式；评标方式主要以技术为基础，综合考虑商务因素；评标步骤可采取定性评议、定量打分、综合评审的原则。

评标不仅是报价的比较，而是多方面的综合比较。评标应根据投标报价、工期、施工方案、保证工程进度与质量的措施、主要材料用量、投入本工程施工的人力（包括主要负责人与技术负责人）和机械设备，并结合各投标施工企业的施工业绩、技术实力、经营管理水平、近期财务状况和企业信誉等进行综合分析，选择报价合理、履约能力强的投标单位作为有希望的中标单位。最终由评标委员会提出评标报告和中标候选人名单，提交招标人定标。

如果投标人的报价低于标底很多，这种情况常是投标人为揽活解除困境而为，当中标后，必通过偷工减料来减少损失。

评标时还应注意一些特殊情况。例如，某个投标人挖土方报价很高，而浇混凝土的报价很低。因为土方工程施工早于混凝土工程，承包人可在开工初期获得较多资金，以弥补开工阶段自己在资金上的大量投入,这种动机是很正常的,但是,如果承包人在土方工程中没有获得预期的利润,后续工程可能就将受到影响。

(三) 定标

中标人的投标应当符合下列条件之一:

(1) 能够最大限度地满足招标文件中规定的各项综合评价标准。

(2) 能够满足招标文件的实质性要求,并且经评审的投标价格合理最低。但投标价格低于成本的除外。

招标人可授权评标委员会直接确定中标人,也可根据评标委员会提出的书面评标报告和推荐的中标候选人顺序确定中标人。当招标人确定的中标人与评标委员会推荐的中标候选人顺序不一致时,应当有充足的理由,并按项目管理权限报水行政主管部门备案。

招标人应避免不尊重评标委员会意见,随意确定中标人这种现象,正确选择有能力且可胜任的承包人,是成功完成工程建设的重要基础。

八、协助招标人与中标人签订合同

确定中标人后,监理工程师发出中标通知书,并协助双方在招标文件规定期限内,经过谈判,签订工程承包合同。若中标人接到中标通知书后借故拖延不签合同,招标人可没收其投标保证金。若因招标人本身原因致使招标失败(包括未能如期签订合同),应按双倍投标保证金的数额赔偿投标人的经济损失,同时退还投标保证金。未中标人的投标保证金一般在中标通知书发出后 7 天内退还。

在正式签订承包合同前,中标人应出具有相应资信能力的银行出具的履约保函,履约保函金额及有效期按招标文件规定。当合同签订后,监理工程师应当尽可能为承包人安排一个适合的开工日期,以使他们能够组织好人力、物力、财力,安排好施工方案。

第四节 案 例 分 析

案 例 一

背景材料

某水利工程项目,其初步设计已完成,建设用地和筹资也已落实。某监理公司受项目法人委托承担了该项目的施工招标和施工阶段的监理任务,并签订了监理合同。项目法人准备采用公开招标的方式优选承包人。

监理工程师提出了招标程序如下:

(1) 招标人向政府和计划部门提出招标申请。

(2) 编制工程标底,提交设计单位审核。

(3) 编制招标有关文件。

(4) 对投标人进行资格后审。

(5) 发布投标邀请函。

(6) 召开标前会议,对每个投标人提出的问题单独作出回答。

（7）开标。

（8）评标，评标期间根据需要与投标人对投标文件中的某些内容进行协商，对工期和报价协商后的变动作为投标文件的补充部分。

（9）监理工程师确定中标人。

（10）招标人与中标人进行合同谈判和签订施工合同。

（11）发出中标通知书，并退还所有投标人的投标保证金。

？ 问 题

对上述招标程序内容进行改错和补充遗漏，并列出正确的顺序。

⌇ 参考答案

1. 对招标程序的内容改错与补充

（1）招标人按项目管理权限向水行政主管部门提交招标申请。

（2）编制工程标底，报水行政主管部门审定。

（3）内容没错。

（4）对投标人进行资格预审。

（5）对资格预审合格者发出投标邀请函。

（6）召开标前会议，对任一投标人提出问题的答复应书面发给各投标人。

（7）内容没错。

（8）审查投标文件及评标，在此过程中只能对投标文件的内容进行澄清，而不能对报价和工期作实质性的改动。

（9）招标人根据评标委员会提出的评标报告和推荐中标候选人确定中标人；或授权评标委员会直接确定中标人。

（10）内容没错。

（11）发出中标通知书，中标人的投标保证金只有与项目法人签订合同以后才能退还。

此外应补充以下程序：

（12）组织现场考察。

（13）通知未中标的投标人，并退还其投标保证金。

（14）发售招标文件。

（15）接受投标文件。

2. 招标程序的正确顺序

1→3→2→4→5→14→12→6→15→7→8→9→11→10→13

案 例 二

◀ 背景材料

某工程初步设计已经批准，建设资金来源已落实，年度投资计划已经安排，监理单位已确定，征地工作尚未全部完成。现决定对该项目进行施工招标。因估计除本地施工单位参加投标外，还可能有外省市施工单位参加投标，故项目法人委托咨询单位编制了两个标底，准备分别用于对本地和外省市施工单位投标价的评定。

某投标人在投标截止日期前 1 天上午将投标文件报送监理工程师。投标截止日当天，在规定的开标时间前 1 小时，该投标人又递交了一份补充材料。但是，监理工程师认为，根据国际上"一标一投"的惯例，一个投标人不得递交两份文件，因而拒绝投标人的补充材料。

在开标会上，与会人员除参与投标的施工单位外，还有上级主管、公证处法律顾问等。开标前，公证处提出要对各投标人的资质进行审查。

？ 问 题

从所介绍的背景资料来看，在该项目招标程序中存在哪些问题？

参考答案

（1）本项目征地工作尚未全部完成，尚不具备施工招标的必要条件，因而尚不能进行施工招标。

（2）不应编制两个标底，根据规定，一个工程只能编制一个标底，不能对不同的投标人采用不同的标底进行评标。

（3）监理工程师不应拒收投标人的补充文件，因为投标人在投标截止时间之前所递交的任何正式书面文件都是有效文件，都是投标文件的有效组成部分，也就是说，补充文件与原投标文件共同构成一份投标文件，而不是两份相互独立的投标文件。

（4）投标人的资质审查应放在发放招标文件之前进行，即所谓的资格预审。故在开标会议上一般不再进行此项议程。

案 例 三

背景材料

某工程项目经批准采用邀请招标方式选择施工单位。该工程建设项目标底为 4000 万元人民币，定额工期为 40 个月。经过考察和研究确定，邀请 4 家具备承包该工程项目相应资质等级的施工单位参加投标。评标采用综合评分法，评标原则为：

（1）评价的项目中各项评分的权重分别是：报价占 40%，工期占 20%，施工组织设计占 20%，企业信誉占 10%，施工经验占 10%。

（2）各单项评分时，满分均按 100 分计，计算分值时取小数点后一位数。

（3）报价项的评分原则为：在标底值的 +5% ~ -8% 范围内为合理报价，超过此范围则认为是不合理报价。计分以标底标价为 100 分，标价每偏差 -1% 扣 10 分，偏差 +1% 扣 15 分。

（4）工期项的评分原则为：以定额工期为准，提前 15% 为满分 100 分，依此每延后 1% 扣 2 分，超过定额工期者淘汰。

（5）企业信誉项的评分原则为：以企业近 3 年工程优良率为标准，优良率 100% 为满分 100 分，依此类推。

（6）施工经验项的评分原则为：按企业近 3 年承建类似工程占全部工程项目的百分比计，100% 为满分 100 分。

（7）施工组织设计由专家评分决定。经审查，4 家投标的施工单位的上述 5 项指标汇总如表 6-1 所示。

表 6-1 各投标人 5 项指标汇总表

投标人	报 价（万元）	工 期（月）	近 3 年工程优良率（%）	近 3 年承建类似工程（%）	施工组织设计专家打分
A	3960	36	50	30	95
B	4040	37	40	30	87
C	3920	34	55	40	93
D	4080	38	40	50	85

? 问 题

（1）根据上述评分原则和各投标人情况，推算出各评价项目应得分是多少？

（2）按评价项目中各项评分的权重确定各投标人的综合分数值。

（3）优选出综合条件最好的投标人作为中标人。

‖ 参考答案

（1）根据评分原则，确定各投标人各项评价指标应得分。

1）报价得分：

表 6-2 各投标人报价得分表

投标人	偏离标底值	投标应得分（分）	投标人	偏离标底值	投标应得分（分）
A	(3960−4000)/4000=−1%	100−10=90	C	(3920−4000)/4000=−2%	100−20=80
B	(4040−4000)/4000=+1%	100−15=85	D	(4080−4000)/4000=+2%	100−30=70

2）工期得分：

表 6-3 各投标人工期得分表

投标人	偏离定额工期（提前）	偏离比定额工期提前 15% 的工期	工 期 应 得 分（分）
A	(40−36)/40=10%	15%−10%=5%	100−10=90
B	(40−37)/40=7.5%	15%−7.5%=7.5%	100−15=85
C	(40−34)/40=15%	15%−15%=0	100−0=100
D	(40−38)/40=5%	15%−5%=10%	100−20=80

3）企业信誉得分：

若投标人近 3 年的工程优良率为 N%，则其信誉得分以 N 计。据此，各投标人的信誉得分如表 6-4 所示。

4）施工经验得分：

若投标人近 3 年承建与工程项目类似的工程占全部工程总数的比例为 M%，则其施工经验得分为 M 分。据此，各投标人的施工经验得分如表 6-5 所示。

表 6-4　各投标人企业信誉得分表

投标人	A	B	C	D
企业信誉得分	50	40	55	40

表 6-5　各投标人施工经验得分表

投标人	A	B	C	D
施工经验得分	30	30	40	50

（2）按评价项目中各项评分的权重，确定各投标人的加权综合评分，计算如表 6-6 所示。

表 6-6　　　　　　　　　　投 标 人 综 合 得 分 表

	各项加权得分计算式	A 投标人	B 投标人	C 投标人	D 投标人
1	投标得分×权重（40%）	90×0.4＝36	85×0.4＝34	80×0.4＝32	70×0.4＝28
2	工期得分×权重（20%）	90×0.2＝18	85×0.2＝17	100×0.2＝20	80×0.2＝16
3	信誉得分×权重（10%）	50×0.1＝5	40×0.1＝4	55×0.1＝5.5	40×0.1＝4
4	施工经验得分×权重（10%）	30×0.1＝3	30×0.1＝3	40×0.1＝4	50×0.1＝5
5	施工组织设计得分×权重（20%）	95×0.2＝19	87×0.2＝17.4	93×0.2＝18.6	85×0.2＝17
6	评标综合得分	81	75.4	80.1	70

（3）根据上表中的计算结果，综合分值最高的 A 投标人被选为中标人。

案例四

◀ 背景材料

某大型工程，由于技术难度大，对施工单位的施工设备和同类工程施工经验要求高，而且对工期的要求也比较紧迫。经有关部门批准，对该工程进行邀请招标，投标人为 3 家国有一级施工企业。项目法人要求投标人将技术标和商务标分别装订报送，评标规定如下：

（1）技术标共 30 分，其中施工方案 10 分（因已确定施工方案，各投标人均得 10 分）、施工总工期 10 分、工程质量 10 分。满足项目法人总工期要求（36 个月）者得 4 分，每提前 1 个月加 1 分，不满足者不得分；自报工程质量合格者得 4 分，自报工程质量优良者得 6 分（若实际工程质量未达到优良将扣罚合同价的 2%），近 3 年内获鲁班奖每项加 2 分，获省优工程奖每项加 1 分。

（2）商务标共 70 分。报价不超过标底（35500 万元）的＋5%～－8%者为有效标，超过者为废标。报价为标底的 98%者得满分（70 分），依此每下降 1%，扣 1 分，每上升 1%，扣 2 分（计分按四舍五入取整）。

各投标人的有关情况见表 6-7。

表 6-7　　　　　　　　　　投标人各项指标汇总表

投标人	报价（万元）	总工期（月）	自报工程质量	鲁班工程奖	省优工程奖
A	35642	33	优良	1	1
B	34364	31	优良	0	2
C	33867	32	合格	0	1

？ 问题

按综合评标得分最高者中标的原则确定中标人。

❦ 参考答案

（1）计算各投标人的技术标得分，见表 6-8。

表 6-8　　　　　　　　　　投标人技术得分表

投标人	施工方案	总工期	工程质量（包括获奖）	合计
A	10	$4+(36-33)\times 1=7$	$6+2+1=9$	26
B	10	$4+(36-31)\times 1=9$	$6+1\times 2=8$	27
C	10	$4+(36-32)\times 1=8$	$4+1=5$	23

（2）计算各投标人的商务标得分，见表 6-9。

表 6-9　　　　　　　　　　投标人商务标得分表

投标人	报价（万元）	报价与标底的比例（%）	扣分	得分
A	35642	$35642\div 35500=100.4$	$(100.4-98)\times 2=5$	$70-5=65$
B	34364	$34364\div 35500=96.8$	$(98-96.8)\times 1=1$	$70-1=69$
C	33867	$33867\div 35500=95.4$	$(98-95.4)\times 1=3$	$70-3=67$

（3）计算各投标人的综合得分，见表 6-10。

表 6-10　　　　　　　　　　投标综合得分表

投标人	技术标得分	商务标得分	综合得分
A	26	65	91
B	27	69	96
C	25	67	92

因为 B 投标人综合得分最高，故应选择 B 投标人为中标人。

习　　　题

单项选择题

1. 决定投标人能否中标的关键因素是（　　）。

A. 招标公告；B. 招标文件；C. 投标文件；D. 评标条件。

2. 公开招标与邀请招标在招标程序上的主要差异表现为（   ）。

A. 是否进行资格预审；B. 是否组织现场踏勘；C. 是否解答投标人的质疑；D. 是否公开开标。

3. 工程标底是工程项目的（   ）。

A. 中标合同价格；B. 招标预期价格；C. 施工结算价格；D. 工程概算总价格。

4. 水利工程建设项目投标价与标底比较，可控制在标底的（   ）之间合理浮动，评标时优先考虑接近标底的报价。

A. ＋5％ ～－7％；B. ＋5％ ～－5％；C. ＋7％ ～－5％；D. ＋5％ ～－8％。

5. 招标人在中标通知书中写明的中标合同价应是（   ）。

A. 初步设计编制的概算价；B. 施工图设计编制的预算价；C. 投标文件中标明的报价；D. 评标委员会算出的评标价。

6. 中标人将由（   ）决定。

A. 评标委员会；B. 招标人；C. 上级主管部门；D. 监理工程师。

7. 招标文件中的工程量清单是（   ）。

A. 投标人计算标价的依据；B. 竣工结算的依据；C. 准确的工程量；D. 评标委员会算出的评标价。

8. 招标人组织现场踏勘时，对某投标人提出的问题，应当（   ）。

A. 以书面形式向提出人作答复；B. 以口头形式向提出人现场答复；C. 以书面形式向全部投标人作同样答复；D. 可不向其他投标人作答复。

9. 招标人一般通过（   ）方式择优选定投标人。

A. 直接委托；B. 公开招标；C. 邀请招标；D. 招标投标。

10. 下列情况投标文件有效的是（   ）。

A. 投标文件封面无投标人法定代表人或其授权人印鉴；B. 投标文件未密封；C. 投标人法定代表人或授权代表人未参加开标会议；D. 投标文件逾期送达。

第七章 施工阶段的投资控制

工程建设项目的投资控制，贯穿于建设的各个阶段。投资控制的目的，就是使项目的总投资小于或等于该项目的计划投资（项目法人所确定的投资目标值），并能确保资金的合理使用，使资金和资源得到最有效的利用。计量支付是施工阶段进行投资控制的关键，承包人施工质量不合格，监理人不签证认可，无质量认可不得计量，未计量不得支付，而且质量不认可承包人不能进行下一道工序，工程就要拖期，按合同规定就会引起罚款，所以控制了计量支付，就直接或间接地控制了工期和质量，计量支付是三控制的关键。正因为监理人有计量支付权，才能确定监理人在施工项目管理过程中的核心地位，没有这个权力，投资控制就是一句空话。

第一节 概   述

一、工程建设项目投资的概念

（一）工程建设项目投资和造价

1. 工程建设项目投资

投资是指投资主体为了特定的目的、以达到预期收益的价值垫付行为。它分为固定资产投资和流动资产投资。工程建设项目投资一般是指，进行某项工程建设花费的全部费用，即该工程项目有计划地进行固定资产再生产和形成相应无形资产和铺底流动资金的一次性费用总和。其中固定资产再生产是由简单再生产和扩大再生产组成，如图 7-1。固定资产是指使用期限超过 1 年，单位价值在规定标准以上，并且在使用过程中保持原有物质形态如房屋、建筑物、机器设备、运输工具等。无形资产是指长期使用，但没有实物形态，主要包括专利权、商标权、著作权等。铺底流动资金为项目投产后所需的流动资金的 30％。

2. 工程造价

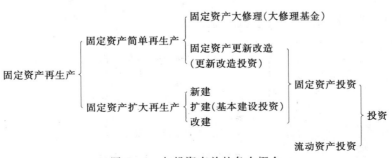

图 7-1 与投资有关的各个概念

　　工程造价有两种含义，第一种含义：工程造价是指建设一项工程预期开支或实际开支的全部固定资产投资费用，也就是一项工程通过建设形成相应的固定资产、无形资产所需一次性费用总和。这一含义是从项目法人的角度来定义的，从这个意义上说，建设项目工程造价就是建设项目固定资产投资。工程造价第二种含义是指工程承发包价格。

　　3. 水利工程项目投资

　　水利工程项目投资是指水利工程达到设计效益时所需的全部建设资金。它包括规划、勘测、设计、科研等必要的前期费用，反映了工程规模的综合性指标。

　　4. 水利工程造价

　　水利工程造价是指在工程项目总投资中扣除回收金额、应核销投资和与本工程无直接关系的转出投资后的余额。回收金额包括临时工程、施工机械设备购置费。应核销的投资支出一般包括：生产职工培训费、施工机构转移费、职工子弟学校经费、劳保支出、报废工程的损失等。与本工程无直接关系的工程投资是指，在工程建设阶段列入本工程投资项目下，完工后又移交给其它部门的固定资产，例如铁路专用线、永久桥梁码头等。

　　5. 工程建设静态投资

　　静态投资是指以某一基准年、月的建设要素的单价为依据所计算出的建设项目投资的瞬时值。它主要由建筑安装工程费、设备工器具购置费、工程建设其它费用和基本预备费组成。其中基本预备费是指在初步设计及概算内难以预料的工程费用。

　　6. 工程建设动态投资

　　动态投资是指完成一个建设项目预计所需投资的总和，包括静态投资、建设期贷款利息、固定资产投资方向调节税、涨价预备费、新开征税费以及汇率变动部分。其中固定资产投资方向调节税是对我国境内进行固定资产投资的单位和个人征税，按照国家产业政策和项目经济规模实行差别税率，国家急需发展项目投资，税率为0；国家鼓励发展，但受能源交通等制约的项目投资，税率为5%；楼堂馆所以及国家严格限制发展的项目投资，课以重税，税率为30%；对于更新改造项目投资，实行0和10%两档税率。涨价预备费是指建设项目在建设期间内，由于价格等变化引起工程造价变化的预测预留费用。

　　(二) 工程建设投资和造价的构成

　　我国现行投资构成和工程造价的构成如图7-2。

图 7-2　工程投资和工程造价的构成

二、工程造价的计价特点

（一）单件性计价

由于工程建设项目具有单件性的特点，再加上不同地区构成投资费用的各种价值要素不同，最终导致建设工程造价的千差万别。因此，建设工程不同于工业产品，不能按品种、规格、质量成批地定价，只能通过特殊的程序，针对具体的工程单件计价。

（二）多次性计价

工程建设的周期一般较长，根据项目的内在规律按一定的阶段、步骤和程序逐步展开，且逐步加深。为了适应工程建设过程中各方经济关系的建立，适应项目管理的要求，适应工程投资控制和管理的要求，需要多次进行计价，其过程如图 7-3 所示。

投资估算是指在整个投资决策过程中，依据现有的资料和一定的方法，对建设项目的投资数额进行的估计。

设计概算是在投资估算的控制下，由设计单位根据初步设计（或扩大初步设计）图纸及说明、概算定额、各项费用定额或取费标准、设备及材料预算价格等资料，编制和确定的建设项目从筹建至竣工交付使用所需全部费用的文件。采用两阶段设计的建设项目，初步设计阶段必须编制设计概算；采用三阶段设计，技术设计阶段必须编制修正概算。

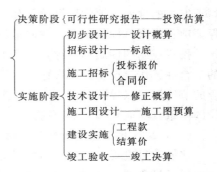

图 7-3　建设工程多次性计价

标底是建筑安装工程造价的表现形式之一，是指由招标人自行编制或委托具有编制标底资格和能力的招标代理机构编制，并按规定报经审定的招标工程的预期价格。

投标报价是投标人根据招标文件的内容要求，工程图纸及技术要求，根据自己制定的施工方案和采取的技术措施，结合自己企业的生产组织管理水平，制定该项投标工程的总估价。它应包括施工设备、劳务、管理、材料、安装、维护、保险、利润、税金、政策性文件规定及合同包含的所有风险、责任等各项应有费用。

合同价是指项目法人在分析许多投标书的基础上，最终与一家承包人确定的工程价格，并在双方签订的合同文件中确认，作为工程结算的依据。

施工图预算是由设计单位在施工图设计完成后，根据施工设计图纸、现行预算定额、费用定额以及地区设备、材料、人工、施工机械台班等预算价格编制和确定的建筑安装工程造价的文件。

工程款即工程进度款，发包人根据合同条款约定的时间、方式和监理人确认的工程量，按构成合同价款相应项目的单价和取费标准计算支付给承包人的金额。

结算是指发包人按照工程施工进度分阶段地对承包人支付，如月结算、分阶段结算等，支付的价款为结算价。

竣工决算是由建设单位编制的反映建设项目实际造价和投资效果的文件，是竣工验收报告的重要组成部分。

从投资估算、设计概算、招标合同价、施工图预算，到各项工程的结算价和最后在结算价基础上编制的竣工决算，整个计价过程是一个由粗到细、由浅到深，最后确定建设工程实际造价的过程。计价过程各环节之间相互衔接，前者制约后者，后者补充前者。

（三）按工程构成的分部组合计价

建设项目可按单项工程、单位工程、分部工程和分项工程逐级分解，计价时，按构成进行分部计算，并逐层汇总。例如，为确定建设项目的总概算，要先计算各单位工程的概算，再计算各单项工程的综合概算，最终汇总成总概算。

三、工程建设投资控制

（一）工程建设投资控制原理

工程建设投资控制是监理人的主要任务之一，其实质就是在投资决策阶段、设计阶段、招标阶段和建设实施阶段，把建设项目投资的发生控制在批准的投资限额以内，随时纠正发生的偏差，消除决算超预算、预算超概算以及概算超投资估算的投资失控现象，以保证项目投资目标的实现，并取得较好的投资效益和社会效益。

投资控制的性质不单纯是经济工作，它是集建设项目的技术、经济与管理工作于一体的综合性工作，投资控制贯穿于建设项目全寿命周期。投资控制不是指投资越省越好，投资的节约不能以导致营运费用的大量增加为前提，投资控制的目标应是在满足工程项目建设的质量（功能）和工期的前提下，使整个寿命周期投资总额最小。

（二）工程建设投资控制目标的设置

建设项目投资控制目标的设置应分阶段进行，具体来讲，投资估算是进行初步设计的建设项目投资控制目标，它是建设项目投资的最高限额，不得随意突破；设计概算是技术设计和施工图设计的投资控制目标；设计预算或工程合同价是工程实施阶段投资控制的目标。有机联系的阶段目标相互制约，相互补充，前者控制后者，后者补充前者，共同组成项目投资控制的目标系统。

（三）建设前期是项目投资控制的重点

工程建设项目在建设的各阶段所花费的投资是不同的，施工阶段消耗了大量的投资，然而，决策阶段节约钱的可能性最大。决策是项目成败的关键，如果决策失误，那么造成的浪费是惊人的。对待工程建设一些干部存在"三拍"现象，在决策前"拍胸脯"，在决策中"拍脑袋"，决策失误后"拍屁股"一走了事，严重损害了我们的建设事业，决策失误是最大的腐败，所以决策需要科学化、规范化，决策阶段是项目投资控制的重点。

在项目做出投资决策后，控制项目投资的重点就在于设计阶段。据分析，设计费用一般只相当于建设工程全寿命费用的 1% 以下，但它却决定了几乎全部随后的费用，表 7-1 是建设各阶段节约投资的可能性。

表 7-1

阶　段	可行性研究	初　设	技　设	施　设	施　工
可能节约投资的比例	95%～100%	75%～95%	35%～75%	10%～35%	10%

水利工程建设项目中因前期工作不够深入，导致投资浪费现象的例子很多，国内如黄河三门峡工程因坝址选择过于接近上游而导致泥沙淤积问题严重，使大量的项目投资不能发挥应有的效益。国外如美国的加里森灌溉工程，由于该工程建成运行后可能会造成流入

加拿大的河水污染，破坏生态平衡，尽管该工程已花去了数百万美元的资金，但许多业已提出的项目被取消。

埃及 20 世纪 70 年代初竣工的阿斯旺大坝，虽然给埃及人民带来了廉价的电力，控制了水旱灾害，灌溉了农田。然而，由于建设前期工作考虑不周，大坝的建设破坏了尼罗河流域的生态平衡，遭到了一系列未曾料到的自然报复。由于尼罗河的泥沙和有机质沉积到水库底部，使尼罗河两岸的绿洲失去了肥源，土壤日趋盐渍化、贫瘠化；由于尼罗河河口供沙不足，河口三角洲平原从向海伸展变化为朝陆地退缩，使工厂、港口、国防工事有沉入地中海的危险；由于缺乏来自陆上的盐分和有机质，致使盛产沙丁鱼的鱼场毁于一旦；由于大坝阻隔，使尼罗河下游奔流不息的活水变成了相对静止的"湖泊"，为血吸虫和疟蚊的繁殖提供了生存条件，致使水库一带居民的血吸虫发病率达到 80%～100%，这一切使埃及付出了沉重的代价。

（四）投资控制措施

投资控制措施不仅仅是指审核概算，控制施工过程的费用，而是指组织、经济、技术、合同方面的措施。例如，某业主与外商签合同时，仅由于同意外方提出的改美元结算为日元结算一条，因日元升值使中方造成很大损失。

建设项目投资控制的措施归纳起来有：组织措施、经济措施、技术措施和合同措施。

四、建设项目资金筹措

建设资金的来源和落实，是建设工程项目顺利实施的保证，也是投标人极为关心的事。在国内外由于建设资金不到位，造成工程总工期拖延、中止承包合同的案例很多。例如，河南省洛阳市有一座横跨洛河的牡丹桥，整个工程计划投资 1.3 亿元，由于建设资金不到位，工程无法继续下去，结果投入了 7000 万元，建了一座断桥。牡丹桥址下由于埋藏着著名的隋、唐古城遗址，在项目立项之初，就被文物界人士反对，但有关部门认为一切应为发展经济让路，其它都是次要的，结果决策失误。后来国家文物局正式下文，要求修建牡丹桥时避开隋、唐遗址，这意味着牡丹桥的寿命到此为止。花了 7000 万元建了一座断桥，工程贷款利息一天就是一辆桑塔纳轿车。担任大桥施工的承包人不但拿不到工程款，而且因垫资太多，也被拖拉着举步维艰的日子。

我国建设项目资金来源，随着改革开放的深化，已由政府无偿拨款，转为财政拨款、银行贷款、自筹资金、社会集资、利用外资等多种渠道。投资主体多元化、投资渠道多元化，筹资方式多样化等，已成为投资体制改革的重要标志。

（一）建设项目资本金

项目资本金是指投资项目总投资中必须包含一定比例的、由出资方实缴的资金，这部分资金对项目法人而言属非负债资金。项目资本金的形式，可以是现金、实物、无形资产。

1. 国家预算内投资

国家预算内投资，是指以国家预算资金为来源并列入国家计划的固定资产投资。目前除少数项目仍由国家预算内投资，绝大部分项目实行贷款投资。对于国防、科研、水利、文教卫生、行政事业单位等非营业性的无偿还能力的国家预算内投资，采用拨款的方式；对于实行独立核算有偿还能力的企业，实行拨款改贷款方式。

2. 自筹投资

自筹投资指由建设单位报告期收到的用于进行固定资产投资的上级主管部门、地方和单位、城乡个人的自筹资金组成。

3. 发行股票

股票是指股份公司发给股东作为已投资入股的证书和索取股息的凭证,是可作为买卖对象或质押品的有价证券。发行股票的优点是融资风险低、不用偿还资金、可降低公司的负债比率,缺点是资金成本高、会降低原有股东控制权。

4. 吸收国外资本直接投资

吸引国外资本直接投资主要包括与外商合资经营、合作经营、合作开发及外商独资经营等形式,其特点是:不发生债务、债权关系,但要让出一部分管理权,并且要支付一部分利润。

(二) 负债筹资

1. 银行贷款

银行贷款是银行利用信贷资金所发放的投资性贷款。

2. 发行债券

债券是借款单位为筹集资金而发行的一种信用凭证。它证明持券人有权按期取得固定利息并到期收回本金。发行债券的优点是债券利息固定,企业控制权不变,少纳所得税等,缺点为企业按期还本付息压力大,企业负债比率高,在一定程度上约束了企业从外部筹资的扩展能力。

3. 设备租赁

设备租赁是指出租人和承租人之间订立的契约,由出租人应承租人的要求购买其所需的设备,在一定时期内供其使用,并按期收取租金。租赁期间设备的产权属出租人,承租人只有使用权,且不得中途解约。

4. 借用国外资金

借用国外资金主要由外国政府贷款、国际金融组织贷款、国外商业银行贷款、在国外金融市场上发行债券、吸收国外银行、企业和私人存款、利用出口信贷组成。

(三) 水利基本建设资金来源

(1) 财政预算内基本建设资金。

(2) 用于水利基本建设的水利建设基金。

(3) 国内银行及非银行金融机构贷款。

(4) 经国家批准由有关部门发行债券筹集的资金。

(5) 经国家批准由有关部门和单位向外国政府或国际金融机构筹集资金。

(6) 其它经批准用于水利基本建设项目的资金。

第二节　施工阶段的投资控制

监理人在施工阶段进行投资控制主要是,确定建设项目的实际投资数,使它不超过计划投资额,若有偏差,找出其产生的原因,采取有效措施加以控制,保证投资控制目标的实现。在保证工程质量和进度的前提下做好工程计量和工程价款支付工作，以及正确处理对工程支付影响较大的变更和索赔，预防并减少各类风险干扰等。

一、影响投资控制的主要因素

施工阶段项目投资总额是通过工程概预算确定的。它主要由工程质量成本、材料成本、人工成本、机械使用成本、施工管理费、计划利润、税金、规定的取费及不可预见费等组成。其中计划利润、税金、规定的取费及不可预见费属于固定费用，不可控制，仅对投资总额发生影响，因此施工阶段影响投资的主要因素是：工程质量成本、材料成本、人工成本、机械使用成本和施工管理费、总工期、施工索赔等。

总工期是指工程破土动工到竣工交付使用的全部日历天数。它直接影响工程投资总额、投资回收期和建设项目效益的发挥，若在施工过程中，工期发生了变化，无论是工期延长还是加速施工，都会带来投资的变化。工程建设项目周期长，还可能因物价上涨，导致工程投资增大。

工程质量成本是指为保证建筑安装工程质量所付出的代价。长期以来，工程质量成本混淆于工程成本之中，而工程产品优质优价问题一直未得到合理解决，常常发包人只提出工程的质量要求，而不为高质量付出代价，工程质量也就得不到保证而影响投资控制。

施工阶段的材料成本、人工成本是通过工程概预算确定的，属于可变动的直接成本，随已完工程量成正比例变化，若实际成本超过计划成本，将增加工程总投资。

施工机械使用成本是通过施工图预算确定的，属于工程投资中的直接成本，这种直接成本既包含固定成本，也包含可变动的混合成本。使用租赁施工机械的租金，属固定成本，使用自有施工机械的成本是混合成本。施工机械使用成本的增加，将增加工程总投资。

施工管理费是通过工程概预算确定的，是一种可变的混合成本。由于它包括的内容繁杂，金额较大，对投资的影响也较大，且具有综合性。

当承包人并非自身的原因而造成成本增加或工期延误时，承包人根据合同条款的有关规定向项目法人提出索赔要求，由于索赔直接影响到承包人的经济利益，承包人往往通过索赔的渠道，提出过高的索赔要求或提出一些投机性的索赔，如果处理不当，将使项目投资失控。

二、资金使用计划的编制

（一）资金使用计划的作用

资金使用计划是指在设计概算的基础上，根据承包人的投标报价和投标文件中的进度计划，综合考虑物资、材料供应，土地征用、设计费及不可预见费等，按子项目编制或按时间进度编制的资金使用计划。监理人编制资金使用计划，可以合理地确定建设项目投资控制总目标值、分目标值、各细目标值，如果没有明确的投资控制目标，就无法进行投资控制。监理人编制资金使用计划的作用是：

（1）资金使用计划是审核承包人施工进度计划、现金流计划的依据。

（2）资金使用计划是项目筹措资金的依据。

（3）资金使用计划是项目检查、分析实际投资值和计划投资值偏差的依据。

（4）资金使用计划是审核承包人工程施工进度款申请的参考依据。

（二）按子项目编制资金使用计划

按不同子项目划分资金的使用，首先将投资目标分解到各单项工程和单位工程。投资构成中的建筑安装工程费用、设备及工器具购置费用均是按单位工程和单项工程计算的，但其中工程建设其它费用的内容繁杂，既有与具体单项工程或单位工程直接有关的费用，也有与整个项目建设有关的费用，要把它分解到各个单项工程和单位工程，需采取适当的方法。对各单位工程的建筑安装工程费用还需要分解到分部分项工程。在完成投资项目分解工作之后，还要具体地分配各分项投资支出预算，工程分项支出预算包括材料费、人工费、机械费、承包企业的间接费、利润等。

（三）按时间进度编制资金使用计划

建设项目的投资一般是分阶段、分期支出的，资金应用是否合理与资金时间安排有密切关系。资金使用计划是筹措资金的依据，将总投资按使用时间进行分解，确定各阶段目标值，尽可能减少资金占用和利息支付。

编制按时间进度的资金使用计划，通常可利用控制项目进度的网络图进一步扩充而得。

由于在编制资金使用计划时，对施工进展情况的估计水平和拥有的资料有限，同时施工过程中变化因素多，资金使用计划中的投资目标值不是一成不变的。在工程实施过程中，既要维护投资控制目标的严肃性，又要根据实际情况按照有关规定程序，对原有计划做出必要的调整。

三、工程计量

在施工过程中，对承包人所完成工程量的测量和计算，简称计量。根据合同规定，监理人有工程计量与支付上的签字认可权和否决权。由于水利工程中，大多数情况是以实际完成的工程数量作为工程款结算的依据，监理人员必须对已完工的工程进行计量，并签发支付凭证，任何未经监理人员计量确认的项目，一律不予支付。所以，计量是控制项目投资支出的关键环节。

（一）工程计量的目的

1. 计量是工程投资控制的需要

《工程量清单》中的工程量是用作投标报价的估算工程量，不作为最终结算的工程量，用于结算的工程量是承包人实际完成的，并按合同有关计量规定计量的工程量。由于实际情况千变万化，施工中变更是不可避免的。因此，计量《工程量清单》项目及变更、索赔项目中的工程量，对工程的投资控制非常必要。常常承包人向监理人提交的支付月报表中，多报、少报、乱报的情况屡有发生，如对单价不同的相邻部位的工程量，承包人往往合计在一起，取高单价的项目进行计量申报。不是计量合同中规定的项目也计量，如承包人自己的施工便道、临时栈桥、脚手架等，这些项目的费用被认为在承包人报价中已经考虑，分摊到合同规定的相应项目中了。

2. 计量是对承包人进行中间支付的需要

资金是进行施工生产活动的物质基础和必要条件，承包人为保证施工的连续进行，就必须维持合适的现金流，而保证承包人现金流的实现，监理人就必须适时进行计量支付。

（二）工程计量的程序

按照 GF—2000—0208《水利水电土建工程施工合同条件》（示范文本）规定，工程计量的一般程序。

1. 承包人计量

承包人按合同规定的计量办法，按月对已完成的质量合格的工程进行准确计量，并在每月末随同月付款申请单，按《工程量清单》的项目分项向监理人员提交完成工程量月报表和有关计量资料。

2. 监理人员复核

监理人员对承包人提交的工程量月报表进行复核，以确定当月完成的工程量，有疑问时，可要求承包人按有关规定进行抽样复测，并要求承包人派员协助监理人员共同复核，及按监理人员的要求提供补充的计量资料。若承包人无正当理由不参加复核，则监理人员复核修正的工程量应被视为承包人实际完成的准确工程量。若监理人员认为有必要时，可要求与承包人联合进行测量计量，承包人应遵照执行。

3. 联合确定准确工程量

承包人完成了《工程量清单》中每个项目的全部工程量后，监理人员应要求承包人派员共同对每个项目的历次计量报表进行汇总和通过测量核实该项目的最终结算工程量，并可要求承包人提供补充计量资料，以确定该项目最后一次进度付款的准确工程量。如承包人未按监理人员的要求派员参加，则监理人员最终核实的工程量应被视为该项目完成的准确工程量。

如混凝土构造物，所有中间计量结果的总和，应符合该构造物混凝土总体积。有些土工建筑物，由于材料性质会引起体积发生变化，导致中间计量的总和与规定的总量不符。如某土堤，考虑到施工沉降后在图纸上设计总压实方量为 48 万 m^3，中间计量按分层压实检验、计量，总共 12 次阶段付款，由于每次计量都有误差，第 11 次计量时就已经达到总数 48 万 m^3，而工程尚未结束，这种情况的计量仍应在最后以总量控制。

（三）工程计量的前提与依据

准备计量的工程必须是符合质量要求，而且计量工程的申报资料和验收手续齐全，质量合格是工程计量最重要的前提。质量检验和计量是监理过程中的两个阶段，经过监理工程师检验，工程质量合格时，监理工程师签发中间交工证书（质量合格证书），即可进行计量。

计量的依据是中间交工证书、《工程量清单》前（序）言、技术规范中的"计量支付"条款和设计图纸，其中《工程量清单》前言和技术规范是确定计量方法的依据。对于计量的几何尺寸要以设计图纸为依据，监理人对承包人超出设计图纸要求增加的工程量和自身原因造成返工的工程量，不予计量。

（四）工程计量的方法

工程计量的范围有三个方面，第一是《工程量清单》中的全部项目；第二是合同文件中规定的项目；第三是工程变更项目。监理人的计量工作，既要以公正、诚信、科学为原则，又要严格按照合同文件所规定的计量方法进行计量。例如：在小浪底水利工程的《技术规范》中对表面处理工作的计量有以下特殊规定：表面处理的工程量应按合同或图纸要求所作的表面处理的平面投影面积以平方米计算。根据这个规定，对垂直面所作的表面处理的工程量应为零。虽然该项规定并不合理，但可以认为承包人在投标时已经考虑了该项特殊规定，并以别的方式对此进行了补偿。如果监理人在计量时没有注意到该项规定，那么将会引起计量的失误。一般情况下，计量有以下几种方法。

1. 现场测量

现场测量就是根据现场实际完成的工程情况，按规定的方法进行丈量、测算，最终确定支付工程量。

2. 按设计图纸计量

按设计图纸计量是指根据施工图对完成的工程进行计算，以确定支付的工程计量方法。

3. 仪表测量

仪表测量是指通过使用仪表对所完成的工程进行计量。如混凝土灌浆计量等。

4. 按单据计算

按单据计算是指根据工程实际发生的发票、收据等，对所完成工程进行的计量。

5. 按监理人批准计量

按监理人批准计量是指在工程实施中，监理人批准确认的工程量直接作为支付工程量，承包人据此进行支付申请工作。

6. 合同中个别采用包干计价项目的计量

在水利工程中，有一些项目由于种种原因，采用包干计价，如临建工程、房建工程、某些导截流工程、观测仪器埋设、机电安装工程等。包干计价项目一般以总价控制、检查项目完成的形象面貌，按均摊法逐月或逐季支付价款。

（五）工程量计量方法

所有工程项目的计量方法均应符合技术条款的规定，使用的计量设备和用具均应符合国家度量衡标准的精度要求。

1. 重量计量的计算

钢材的计量是以重量来计量的，钢材的计量应按施工图纸所示的净值计量。钢筋应按监理人批准的钢筋下料表，以直径和长度计算，不计入钢筋损耗和架设定位的附加钢筋量；预应力钢绞线、预应力钢筋和预应力钢丝的工程量，按锚固长度与工作长度之和计算重量；钢板和型钢钢材按制成件的成型净尺寸和使用钢材规格的标准单位重量计算其工程量，不计其下料损耗量和施工安装等所需的附加钢材用量。施工附加量均不单独计量，而应包括在有关钢筋、钢材和预应力钢材等各自的单价中。

2. 面积计量的计算

结构面积的计算，应按施工图纸所示结构物尺寸线或监理人指示在现场实际测量的结构物净尺寸线进行计算。

3. 体积计量的计算

结构物体积计量的计算，应按施工图纸所示轮廓线内的实际工程量或按监理人指示在现场量测的净尺寸线进行计算。经监理人批准，大体积混凝土中所设体积小于 $0.1m^3$ 的孔洞、排水管、预埋管和凹槽等工程量不予扣除，按施工图纸和指示要求对临时孔洞进行回填的工程量不重复计量。

混凝土工程量的计量，应按监理人签认的已完工程的净尺寸计算；土石方填筑工程量的计量，应按完工验收时实测的工程量进行最终计量。

4. 长度计量的计算

所有以延米计量的结构物，除施工图纸另有规定，应按平行于结构物位置的纵向轴线或基础方向的长度计算。

四、工程款的支付

合同内支付指监理人在项目法人明确授权的合同价格范围内，以及可以直接援引合同规定通过计量和支付手段进行的费用控制活动。合同内支付的内容包括：预付款的支付与扣还；工程进度付款；保留金的扣留与退还；完工支付与最终支付；工程变更支付；合同内支付的价格调整；索赔支付。

（一）工程款的主要结算方式

1. 按月结算

按月结算即实行旬末或月中预支、月终结算、竣工后清算的办法。跨年度的工程，还需要进行年终结算。水电工程中的主体工程一般采用此种方法。

2. 分段结算

分段结算即当年开工、当年不能竣工的单项工程或单位工程按照工程的形象进度，划分不同阶段进行结算。分段结算可以按月预支工程款。水电工程中总价承包的单位工程或单项工程，以及当年不能竣工的一些临时工程均采用此种方式进行结算。

3. 竣工后一次结算

当一些零星工程的工期在12个月以内时，可采用每月月中预支价款，竣工后一次结算的方式。

4. 其它结算方式

（二）预付款的支付与扣还

承包人中标后，施工准备需要大量的资金投入。由于工程项目一般投资巨大，承包人往往难以承受，项目法人以无息贷款方式在中标后、工程正式开工前支付给承包人一部分资金，帮助承包人尽快开始正常施工。

1. 工程预付款的支付

工程预付款可使承包人在合同签约后，尽快做好施工准备，并用于工程施工初期各项费用的支出。工程预付款的总金额应不低于合同价格的10%，分两次支付给承包人。第一次预付款的金额应不低于工程预付款总金额的40%，在协议书签订后21天内，由承包人向发包人提交了经发包人认可的工程预付款保函，并经监理人出具付款证书报送发包人批准后予以支付。第二次预付款需待承包人主要设备进入工地后，其估算价值已达到本次预付款金额时，由承包人提出书面申请，经监理人核实后出具付款证书报送发包人，发包人收到监理人出具的付款证书后的14天内支付给承包人。工程预付款总金额的额度和分次付款比例在专用合同条款中规定。

2. 工程预付款的扣还

工程预付款由发包人从月进度付款中扣回。在合同累计完成金额达到专用合同条款规定的数额时开始扣款，直至合同累计完成金额达到专用合同条款规定的数额时全部扣清。在每次进度付款时，累计扣回的金额按下列公式计算

$$R = A/(F_2 - F_1)S \times (C - F_1S) \qquad (7-1)$$

式中　R——每次进度付款中累计扣回的金额；

A——工程预付款总金额；

S——合同价格；

C——合同累计完成金额；

F_1——按专用合同条款规定开始扣款时合同累计完成金额达到合同价格的比例；

F_2——按专用合同条款规定全部扣清时合同累计完成金额达到合同价格的比例。

上述合同累计完成金额均指价格调整前未扣保留金的金额。

3. 工程材料预付款的支付与扣还

工程材料预付款主要用来帮助承包人，购进专用合同条款中规定的工程主要材料的款项。工程主要材料到达工地并满足以下条件后，承包人可向监理人提交材料预付款支付申请单。

（1）材料的质量和储存条件符合《技术条款》的要求。

（2）材料已到达工地，并经承包人和监理人共同验点入库。

（3）承包人应按监理人的要求提交材料的订货单、收据或价格证明文件。

预付款金额为经监理人审核后的实际材料价的 90%，在月进度付款中支付。预付款从付款月后的 6 个月内在月进度付款中每月按该预付款金额的 1/6 平均扣还。

（三）工程进度付款

工程进度款的支付也称中间结算，在水利工程施工合同中，一般规定按月支付。每月结算是在上月结算的基础上进行的，这种支付方式公平合理，风险性小，便于控制。

1. 月进度付款申请单

承包人应在每月末按监理人规定的格式提交月进度付款申请单（一式 4 份），并附上完成工程量月报表。该申请单应包括以下内容。

（1）已完成的《工程量清单》中的工程项目及其它项目的应付金额。

（2）经监理人签认的当月计日工支付凭证标明的应付金额。

（3）按规定应付的工程材料预付款金额。

（4）价格调整金额。

（5）根据合同规定承包人应有权得到的其它金额。

（6）扣除工程预付款和工程材料预付款金额。

（7）扣除保留金金额。

（8）扣除按合同规定应由承包人付给发包人的其它金额。

2. 月进度付款证书

监理人在收到月进度付款申请单后的 14 天内完成核查，并向发包人出具月进度付款证书，提出他认为应当到期支付给承包人的金额。

3. 工程进度付款的修正和更改

监理人有权通过对以往历次已签证的月进度付款证书的汇总和复核中发现的错、漏或

重复进行修正或更改；承包人亦有权提出此类修正或更改。经双方复核同意的此类修正或更改，应列入月进度付款证书中予以支付或扣除。

4. 支付时间

发包人收到监理人签证的月进度付款证书并审批后支付给承包人，支付时间不应超过监理人收到月进度付款申请单后 28 天。若不按期支付，则应从逾期第一天起按专用合同条款中规定的逾期付款违约金加付给承包人。

（四）保留金的扣留与退还

保留金是发包人持有的一种保证，为了确保在施工阶段，或在缺陷责任期间（保修期），由于承包人未能履行合同义务，由发包人（或监理人）指定他人完成应由承包人承担的工作所发生的费用。合同一般规定。

（1）监理人应从第一个月开始，在给承包人的月进度付款中扣留按专用合同条款规定百分比（一般为 5%～10%）的金额作为保留金（其计算额度不包括预付款和价格调整金额），直至扣留的保留金总额达到专用合同条款规定的数额为止（一般为合同价的 5%）。

（2）在签发工程移交证书后 14 天内，由监理人出具保留金付款证书，发包人将保留金总额的一半支付给承包人。

（3）在单项工程验收并签发移交证书后，将其相应的保留金总额的一半在月进度付款中支付给承包人。

（4）监理人在全部工程的保修期满时，出具为支付剩余保留金的付款证书。发包人应在收到上述付款证书后 14 天内将剩余的保留金支付给承包人。若保修期满时尚需承包人完成剩余工作，则监理人有权在付款证书中扣留与剩余工作所需金额相应的保留金余额。

（五）完工支付与最终结清

完工支付证书是对发包人以前支付过的所有款额以及发包人有权得到的款额的确认，指出发包人还应支付给承包人或承包人还应支付给发包人的余额，具有结算性质。因此，完工支付也叫竣工结算。在工程移交证书颁发后的 28 天内，承包人提交完工付款申请单，监理人在收到完工付款申请单后的 28 天内完成复核，并与承包人协商修改后，签字并出具完工付款证书报送发包人审批。发包人应在收到完工付款证书后的 42 天内审批后支付给承包人。若发包人不按期支付，则应将逾期付款违约金加付给承包人。

在保修责任期终止后，并且监理人颁发了保修责任终止证书，可进行工程的最终结算。在保修责任终止证书颁发后的 28 天内，承包人向监理人提交最终付款申请单，同时向发包人提交结清单，结清单的副本提交监理人。监理人收到经其同意的最终付款申请单和结清单副本后的 14 天内，向发包人出具最终付款证书提交发包人审批。发包人审查监理人提交的最终付款证书后，若确认还应向承包人付款，则应在收到该证书后的 42 天内支付给承包人。若确认承包人应向发包人付款，则发包人应通知承包人，承包人应在收到通知后的 42 天内付还给发包人。不论是发包人或承包人，若不按期支付，将逾期付款违约金加付给对方。

（六）价格调整

价格调整是指以合同条款为依据，根据工程实施中实际发生的情况，通过计算所得的调整款额，由承包人报请监理人审批。价格调整包括物价波动引起的价格调整，以及法规更改引起的价格调整。

五、工程变更与变更费用的确定

（一）工程变更的概念

工程变更是指因设计条件、施工现场条件、设计方案、施工方案发生变化，或项目法人与监理单位认为必要时，为实现合同目的对设计文件或施工状态所做出的改变与修改。工程变更包括设计变更和施工变更。水利工程建设项目具有工期长、规模大、涉及面广，以及地质条件复杂、不可预见因素多等特点，这就决定了在工程建设过程中出现一定的工程变更是不可避免的。为了使工程施工更符合实际，使工程项目建设更加完善，根据实际情况进行工程变更也是必要的，但工程的变更，实质是对合同的修改，对合同实施影响很大。因此，合同双方善于解决工程变更问题，是施工合同管理工作中的一个重要课题。

GF—2000—0208《水利水电土建工程施工合同条件》规定，监理人可根据工程的需要指示承包人进行以下各种类型的变更：

（1）增加或减少合同中任何一项工作内容。

（2）增加或减少合同中关键项目的工程量超过专用合同条款规定的百分比。

（3）取消合同中任何一项工作（但被取消的工作不能转由发包人或其他承包人实施）。

（4）改变合同中任何一项工作的标准或性质。

（5）改变工程建筑物的形式、基线、标高、位置或尺寸。

（6）改变合同中任何一项工程的完工日期或改变已批准的施工顺序。

（7）追加为完成工程所需的任何额外工作。

因此，承包人首先必须执行监理人发出的工程变更指令，然后只能通过在商定工程变更引起的工期调整和价格调整时，维护自身的权益或获取收益。

《水利水电土建工程施工合同条件》对承包人原因引起的变更也做出了规定，若承包人根据工程施工的需要，要求监理人对合同的任一项目和任一项工作做出变更，则应由承包人提交一份详细的变更申请报告报送监理人审批。未经监理人批准，承包人不得擅自变更。承包人要求的变更属合理化建议的性质时，若建议被采纳，需待监理人发出变更批示后方可实施，若由于采用承包人提出的合理化建议降低了合同价格，则发包人应酌情给予奖励。承包人违约或其它由于承包人原因引起的变更，其增加的费用和工期延误责任由承包人承担。

（二）工程变更的原因

引起工程变更的原因很多，一般情况下主要有下列几方面的原因：

1. 设计变更

设计变更可发生在设计阶段，可能是因为项目法人对项目的构想产生变化或其它方面的因素，而要求设计变更。在施工阶段也可能发生设计变更，可能是项目法人根据施工现场实际情况，或者政府部门对工程建设要求的改变，提出设计变更；可能是监理单位、设计单位对原设计中不合理之处提出设计变更；承包人也可能根据现场施工条件或提出合理化建议，而请求设计变更。项目设计变更所造成的费用损失，是随其实施阶段深入而呈递增变化的如图7-4，因此设计变更应尽可能提前。

2．进度协调引起进度计划改变

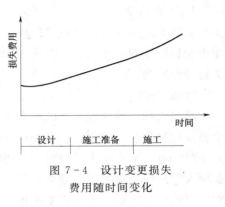

图7-4 设计变更损失
费用随时间变化

水利工程项目大多是平行发包，一般情况下，工程分标越多，在施工过程中的空间、时间上相互干扰也越大，如何组织好各标之间的衔接，使工程总体能有机地交叉并协调有序地进行，是监理人的一项重要任务。监理人在考虑承包人之间的进度协调或发包人工程设备供应、资金供应、图纸供应等要求，对某承包人的施工进度做出的进度协调，属于工程变更。

3．施工现场条件的变化

在水利工程施工中，施工现场条件变化是经常发生的，可能是因为勘测工作深度不够，现场实际情况与预计不同，例如，某隧洞开挖，原设计为Ⅲ类围岩，实际为Ⅳ、Ⅴ类围岩，且又夹有一斜向断层，渗水严重，开挖中多次局部塌方。若采用原设计方案喷混凝土，将会出现较大问题。针对现场实际情况，经研究后作了结构修改，保证了设计和施工质量。

4．工程范围发生变化

因工程范围发生变化，出现了合同范围以外的工作项目，称为新增项目，也叫合同外项目，这使工程项目的合同管理工作增加了新的内容。例如，合同规定要修建一座土坝，而承包人在签订承包协议书以后改为修建土石坝；或要求将合同规定的8层楼房加高到10层；或要求将合同规定的100km道路延长到120km等，都属于工程变更。

（三）工程变更的处理原则

在项目范围内的变更项目，未引起工程施工组织和进度计划发生实质性变动，不影响其原定的价格，则不予调整该项目的单价。当变更较大，需调整合同价格时，按以下原则确定其单价或合价：《工程量清单》中有适用于变更工作的项目时，应采用该项目的单价；《工程量清单》中无适用于变更工作的项目时，则可在合理的范围内参考类似项目的单价或合价作为变更估价的基础，由监理人与承包人协商确定变更后的单价或合价；《工程量清单》中无类似项目的单价或合价可供参考，则应由监理人与发包人和承包人协商确定新的单价或合价。

例如，某工程混凝土项目的变更中，需要对水泥进行估价。承包人投标时水泥的报价为484元/t，这个价格比当前市场价格低。承包人要求以市场价512元/t进行估价。虽然这个价格符合实际，但是，按变更处理原则，《工程量清单》中有适用于变更工作的项目时，应采用该项目的单价，监理工程师坚持采用投标价格。

同样某工程的《工程量清单》中有混凝土伸缩缝泡沫板材料的项目，承包人的投标报价为GB止水的2倍，GB止水比较贵，显然承包人的报价偏高。工程实施过程中，监理工程师指令施工支洞增加混凝土衬砌工作，在对永久缝闭孔泡沫板估价时发生了争论。有人认为，原报单价太高不适用，既然是变更项目，就应该重新估价。这种观点违背了变更处理原则。

（四）工程变更的处理程序及费用确定

1. 变更指示

监理人应在发包人授权范围内，及时向承包人发出变更指示。变更指示的内容应包括变更项目的详细变更内容、变更工程量、变更项目的施工技术要求和有关文件图纸，以及变更处理原则。

2. 变更的报价

承包人收到监理人发出的变更指示后 28 天内，应向监理人提交一份变更报价书，其内容应包括承包人确认的变更处理原则和变更工程量及其变更项目的报价单。监理人认为必要时，可要求承包人提交重大变更项目的施工措施、进度计划和单价分析等。承包人对监理人提出的变更处理原则持有异议时，可在收到变更指示后 7 天内通知监理人，监理人则应在收到通知后 7 天内答复承包人。

3. 变更决定

监理人在收到承包人变更报价书后 28 天内对变更报价书进行审核后做出变更决定，并通知承包人。发包人和承包人未能就监理人的决定取得一致意见，则监理人可暂定他认为合适的价格和需要调整的工期，并将其暂定的变更处理意见通知发包人和承包人，此时承包人应遵照执行。对已实施的变更，监理人可将其暂定的变更费用放入月进度付款中。但发包人和承包人均有权在收到监理人变更决定后的 28 天内要求提请争议调解组解决，若在此期限内双方均未提出上述要求，则监理人的变更决定即为最终决定。

监理人在对变更项目进行费用分析时，应掌握现场记录，这对变更处理具有重要意义。例如，在对某工程的一项变更止水条材料进行估价时，承包人提出要在费用中包括 10% 的损耗率，承包人认为这一比率符合施工行业的惯例。但是监理人员调查了现场记录的该材料的出入库资料，发现实际的损耗率只有 1%。承包人表示不满并提请争议调解组解决。争议调解组复审后认为该材料的损耗包括在其它成品中，无需再考虑。仅此一项，项目法人就挽回了十几万元的损失。

4. 计日工

计日工是指监理人认为工程的某些变动有必要，或认为按计日工作制适宜于承包人开展工作，从而以工作天数为基础进行计量与支付，便于结算。当监理人通知承包人以计日工的方式，进行某项变更工作时，其金额应按承包人在投标文件中提出，并经发包人确认后按列入合同文件的计日工项目及其单价进行计算。采用计日工计量的任何一项变更工作，应列入备用金中支付，承包人应在该项变更实施过程中，每天提交有关报表和有关凭证报送监理人审批。计日工项目由承包人按月汇总后列入月进度付款申请单中，由监理人复核签证后按月支付给承包人，直至该项目全部完工为止。

其中备用金是指由发包人在《工程量清单》中专项列出的用于签订协议书时尚未确定或不可预见项目的备用金额。备用金的使用应按监理人的指示，并经发包人批准后才能动用。

第三节 案 例 分 析

案 例 一

背景材料

某工程建设项目，项目法人与监理人签订了施工阶段委托监理合同。在委托监理合同中，对于发包人和监理人的权利、义务和违约责任的某些规定如下：

（1）监理人在监理工作中应维护发包人的利益。

（2）施工期间的任何设计变更必须经过监理人审查、认可，并发布变更令方为有效并付诸实施。

（3）监理人应在发包人授权范围内对委托的工程项目实施施工监理。

（4）监理人发现工程设计中的错误或不符合工程质量标准的要求时，有权要求设计单位更改。

（5）监理人对工程进度款支付有审核签证权；发包人有独立于监理人之外的自主支付权。

（6）在合同责任期内，监理人未按合同要求的职责认真服务，或发包人违背对监理人的责任时，均应向对方承担赔偿责任。

（7）监理人有发布开工令、停工令、复工令等指令的权力。

问 题

上述各条中有无不妥之处？怎样才是正确的？

参考答案

（1）不妥。正确的应当是：监理人在监理工作中应当公正地维护有关方面的合法权益。

（2）不妥。正确的应当是：设计变更的审批权在发包人，任何设计变更需经监理人审查后，报发包人审查、批准、同意后，再由监理人发布变更令，实施变更。

（3）正确。

（4）不妥。正确的应当是：监理人发现设计错误或不符合质量标准要求时，应报告发包人要求设计单位改正，并向发包人提供报告。

（5）不妥。正确的应当是：在工程承包合同议定的工程价格范围内，监理人对工程进度款的支付有审核签认权；未经监理人签字确认，发包人不支付工程款。

（6）正确。

（7）不妥。正确的应当是：监理人在征得发包人同意后，有权发布开工令、停工令、复工令。

案 例 二

背景材料

某工程项目，项目法人与某施工单位签订了施工合同，工程合同额为9000万元，总工期为 30 个月，工程分两期进行竣工验收，第一期为 18 个月，第二期为 12 个月。工程开工后，从第 3 个月开始连续 4 个月项目法人未支付给承包人应付的工程进度款。为此，承包人向发包人发出要求付款通知，并提出对拖延支付的工程进度款应计入利息的要求，其数额从监理人计量签字后第 11 天起计息。发包人以该 4 个月未支付工程款作为偿还预付款而予以抵消为由，拒绝支付。为此，承包人以发包人违反合同中关于预付款扣还的规定，以及拖欠工程款导致无法继续施工而停止施工，并要求发包人承担违约责任。

? 问 题

作为一个监理人应当如何正确处理？

参考答案

发包人连续 4 个月未按合同规定支付工程进度款，应承担违约责任。承包人提出要求付款并计入利息是合理的。但除专门规定外，应当从逾期第一天起按专用合同条款中规定的逾期付款违约金加付给承包人。另外，发包人以所欠的工程进度款作为偿还预付款为借口拒绝支付，不符合工程计量、支付和预付款扣还的一般规定，是不能接受的。

案 例 三

背景材料

某工程项目法人与承包人签订了工程施工合同，合同中含两个子项工程，估算工程量甲项为 2300m³，乙项为 3200m³，经协商合同单价甲项为 180 元/m³，乙项为 160 元/m³。承包合同规定。

（1）开工前项目法人向承包人支付合同价 20% 的预付款。

（2）项目法人自第一个月起，从承包人的工程款中，按 5% 的比例扣留保留金。

（3）根据市场情况规定价格调整系数平均按 1.2 计算。

（4）监理人签发月度付款最低金额为 25 万元。

（5）预付款在最后两个月扣除，每月扣 50%。

承包人每月实际完成并经监理人签证确认的工程量如表 7-2 所示。

表 7-2   工 程 量

项目 \ 工程量 月	1	2	3	4
甲项（m³）	500	800	800	600
乙项（m³）	700	900	800	600

? 问 题

（1）预付款是多少？

（2）每月工程价款是多少？监理人应签证的工程款是多少？实际签发的支付凭证金额是多少？

参考答案

（1）工程合同价＝估算工程量×单价＝2300×180＋3200×160＝92.6（万元）

（2）预付款＝合同价×20％＝18.52（万元）

（3）第一个月工程价款＝实际工程量×单价＝500×180＋700×160＝20.2（万元）

监理人应签证的工程款＝月工程价款×价格调整系数－保留金

$$＝20.2×1.2－20.2×5％＝23.23（万元）$$

由于合同规定监理人签发的最低金额为25万元，故本月监理人不予签发支付凭证。

（4）第二个月工程价款＝800×180＋900×160＝28.8（万元）

监理人应签证的工程款＝28.8×1.2－28.8×5％＝33.12（万元）

监理人实际签发的支付凭证金额＝一月支付凭证金额＋二月应签证的工程款

$$＝23.23＋33.12＝56.35（万元）$$

（5）第三个月工程价款＝800×180＋800×160＝27.2（万元）

监理人应签证的工程款＝27.2×1.2－27.2×5％＝31.28（万元）

应扣预付款＝预付款×50％＝18.52×50％＝9.26（万元）

应付款＝监理人应签证的工程款－应扣预付款＝31.28－9.26＝22.02（万元）

因为监理人签发月度付款最低金额为25万元，所以第三个月监理人不予签发支付凭证。

（6）第四个月工程价款＝600×180＋600×160＝20.4（万元）

监理人应签证的工程款＝20.4×1.2－20.4×5％＝23.46（万元）

应扣预付款＝18.52×50％＝9.26（万元）

实际签发支付凭证＝22.02＋23.46－9.25＝36.23（万元）

案例四

背景材料

某水渠工程造价为4150万元，工程中的预制构件由甲方提供，开竣工时间分别为当年的4月1日～9月30日。

（1）承担该工程监理任务的是A监理公司，监理委托合同中约定监理期限为190天，监理报酬为60万元。但实际上，由于非监理方原因导致监理时间延长了25天。经协商，项目法人同意支付由于时间延长而发生的额外工作报酬。

（2）为了做好该项目的投资控制工作，监理人明确了以下投资控制措施：

1）编制资金使用计划，确定投资控制目标。

2）进行工程计量。

3）审核工程付款申请，签发付款证书。

4）审核施工单位编制的施工组织设计，对主要施工方案进行技术经济分析。

5）对施工单位报送的工程质量评定资料进行审核和现场检查，并予以签证。

6）审核施工单位现场项目管理机构的技术管理体系和质量保证体系。

（3）承担该工程施工任务的是B公司，项目法人与B公司在施工合同中约定：

1）开工前，项目法人应向B公司支付合同价25％的预付款，预付款从第3个月开始等额扣还，4个月内扣完。

2）项目法人根据B公司完成的工程量（经监理人签证后）按月支付工程款，保留金额为合同总额的 5%，保留金按每月产值的 10%扣除，直至扣完为止。

3）监理人签发的月付款证书最低金额为 300 万元。该工程各月完成产值如表 7-3 所示。

表 7-3　　　　　　　　　　　　B 公司各月完成产值

产值　月份（万元）　　　单位	4	5	6	7	8	9
B 公司	480	685	560	430	620	580
构件厂			275	340	180	

？ 问 题

（1）由于非监理方原因导致监理时间延长 25 天而发生的额外工作报酬是多少？

（2）监理人明确的投资控制措施中，哪些不属于投资控制措施？

（3）项目法人支付给 B 公司的工程预付款是多少？监理人在各月底分别给 B 公司实际签发的付款证书金额是多少？

参考答案

（1）监理人的额外工作报酬=25（天）×60（万元）/190（天）=7.89（万元）

（2）在监理人所明确的投资控制中，第 5）项和第 6）项不属于投资控制的措施。

（3）B 公司所承担部分的合同价=该工程合同价-构件厂产值

$$=4150-（275+340+180）=3355（万元）$$

项目法人支付的预付款=B 公司所承担部分的合同价×25%

$$=3355.00×25\%=838.75（万元）$$

预付款从第 3 个月开始等额扣还，4 个月扣完。

每月应扣的预付款=预付款÷4 个月=838.75÷4=209.69（万元）

工程保留金额=B 公司所承担部分的合同价×5%

$$=3355×5\%=167.75（万元）$$

监理人在各月底分别给 B 公司实际签发的付款证书金额为每月支付的工程款扣除每月的保留金（每月产值的 10%），一共扣除 B 公司所承担部分合同价的 5%；从第 3 个月开始等额扣还预付款，4 个月扣完。具体计算如下：

4 月底实际签发的付款证书金额=480-480×10%=432（万元）

5 月底实际签发的付款证书金额=685-685×10%=616.5（万元）

6 月底实际签发的付款证书金额=每月支付的工程款-（工程保留金额-4 月底扣除保

留金额-5 月底扣除保留金额）-等额扣还预付款

$$=560-（167.75-480×10\%-685×10\%）-209.69$$

$$=229.06（万元）<300（万元）$$

由于 299.06 万元低于合同规定的月支付款证书最低支付限额，故本月暂不支付。

7 月底付款证书金额=每月支付的工程款-等额扣还预付款

$$=430-209.69=220.31（万元）$$

由于 6 月底未支付工程款，故 7 月底实际签发的付款证书金额为

$$220.31 + 229.06 = 449.37(万元)$$

8 月底实际签发的付款证书金额 $= 620 - 209.69 = 410.31$ （万元）

9 月底实际签发的付款证书金额 $= 580 - 209.69 = 370.31$ （万元）

习　　题

单项选择题

1. 下列关于工程变更的说法错误的是（　　）。

A. 工程变更总是由承包人提出的；B. 没有监理人的指示，发包人不得擅自变更；C. 监理人的变更指令应以书面形式发生；D. 发生工程变更，若合同中有适用于变更工程的价格，可以以此类推。

2. 由监理人签发工程变更令，进行设计变更而导致的经济支出及工期延误，应由（　　）承担。

A. 设计方；B. 发包人；C. 监理人；D. 承包人。

3. 某水闸工程基础底板的设计厚度 2 米，施工单位做了 2.1 米，多做的工程量在工程价款的计量支付时应（　　）。

A. 不予计量；B. 计量一半；C. 予以计量；D. 由项目法人与施工单位协商处理。

4. 项目法人委托施工单位对原设计存在的问题进行处理，其费用的承担单位是（　　）。

A. 原设计单位；B. 项目法人；C. 施工单位；D. 前面三个单位。

5. 工程变更价款应纳入（　　）。

A. 承包合同价；B. 施工图预算；C. 结算价；D. 标底。

6. 建设项目投资控制应贯穿于工程建设全过程，在建设项目的实施阶段，应以（　　）为重点。

A. 施工；B. 设计；C. 发包；D. 决策。

7. 建设项目投资控制就是要（　　）。

A. 追求投资费用越小越好；B. 把投资控制在目标的实际值以内；C. 控制投资目标的计划值；D. 把投资控制在批准的投资限额内。

8. 根据施工合同示范文本的规定，工程变更价款通常由（　　）提出，报（　　）批准。

A. 监理人，发包人；B. 承包人，发包人；C. 承包人，监理人；D. 发包人，承包人。

9. 监理人编制的付款证书中不应包括（　　）。

A. 已实施的永久工程的价值；B. 价格调整；C. 计日工；D. 不合格材料的运输费用。

10. 对承包人的工程保险费，监理人宜按（　　）进行计量。

A. 测量；B. 单据法；C. 监理人批准；D. 包干法。

第八章　施工阶段的进度控制

　　水利工程项目一般投资大，工期长，竣工投产时间的早晚，往往涉及到巨额的经济效益，项目法人无不殷切期望工程项目能按施工计划工期竣工投产，或可能愿意花合适的额外投资，使工程项目尽可能提前竣工投产，因此，工程项目的进度目标在三大控制目标中显得尤为重要。对于水利工程项目来讲，一般至少应对准备工程动工日期、截流、主体工程开工日期、第一台机组发电日期和竣工日期，做出明确的规定，以避免在关键时刻（如截流、下闸蓄水）赶不上工期，错过有利的施工机会，而造成重大经济损失。工程项目进度控制，就是以周密、合理的进度计划为指导，对工程施工进度进行跟踪检查、分析、调整与控制，因此，施工阶段的进度控制是整个工程项目进度控制的重点。

第一节　进度控制概述

一、进度控制概述

（一）进度控制的概念

　　工程建设的进度控制是指在工程项目各建设阶段编制进度计划，并将计划付诸实施，在实施过程中检查实际进度与计划进度是否存在偏差，如有偏差，则分析产生偏差的原因，采取措施进行补救、调整或修改原计划，以使项目进度总目标得以实现。

　　水利工程建设关系到国民经济若干部门，如果进度失控，必然导致人力、物力的浪费，甚至可能影响工程质量和安全。在确保工期的前提下控制工程进度计划，可以加强水利工程施工的计划性，保证工程施工均衡、连续、有节奏地顺利进行，从施工顺序和施工速度等组织措施上保证工程质量和施工安全，使建设资金、劳动力、材料和机械设备使用合理，并能多快好省地进行工程建设，达到工程项目的总目标。

（二）影响进度的因素

　　水利工程建设项目由于施工内容多，工程量大、作业复杂、施工周期长及参与施工单位多等特点，影响进度的因素很多，主要可归为人为因素，技术因素，项目合同因素，资金因素，材料、设备与配件因素，水文、地质、气象及其它环境因素，社会因素及一些难以预料的偶然突发因素等。这就要求监理人员在其工作过程中，对影响施工进度的各种因素进行全面的分析和预测，对施工进度采取有效的控制措施，在实施过程中通过认真检查对比有组织地进行动态控制及管理，使进度得到有效控制。

（三）工程项目进度计划

　　项目计划可以分为：进度计划、财务计划、组织人事计划、机械设备使用计划、物资供应计划、劳动力使用计划、设备采购计划、施工图设计计划、工程验收计划等。其中，工程项目进度计划是编制其它计划的基础，其它计划是进度计划顺利实施的保证。

施工进度计划是施工组织设计的重要组成部分，并规定了工程施工的顺序和速度。水利工程项目施工进度计划主要有两种：一是总进度计划，即对一个水利工程编制的，要求写出整个工程中各个单项工程的施工顺序和起止日期及主体工程施工前的准备工作和主体工程完工后的结尾工作的施工期限；二是单项工程进度计划，即对水利枢纽工程中主要工程项目，如大坝、水电站等组成部分进行编制的，写出单项工程施工的准备工作项目和施工期限，要求进一步从施工方法和技术供应等条件论证施工进度的合理性和可靠性，研究加快施工进度和降低工程成本的具体方法。

（四）工程进度控制的方法

1. 行政方法

行政方法是指行政单位及领导，利用其行政地位的权力，通过发布进度指令。采用激励手段对工程项目进度进行指导、协调、考核。其特点是直接、迅速、有效，但提倡科学性，防止主观、武断，片面地瞎指挥。此法的工作重点应当是对进度目标的决策和指导。

2. 经济方法

经济方法是指有关部门和单位用经济手段对工程项目的进度控制进行影响和制约。如建设银行通过控制投资的发放速度控制工程项目的实施进度；在承发包合同中写进有关工期和进度的条件；通过招标的进度优惠条件鼓励承包人加快工程进度。

3. 管理技术方法

管理技术方法主要是对进度控制的规划、控制和协调，即监理人员在工程项目实施过程中，在确定项目总目标和分目标前提下，进行实际进度与计划进度的比较，发现实施过程中的偏差，及时分析产生偏差的原因及影响程度，采取有效的措施进行纠正，并且协调工程建设各方面之间的进度关系，确保工程进度目标的实现。

（五）进度控制的措施

进度控制的措施主要有组织措施、技术措施、合同措施、经济措施和信息措施。

（1）组织措施包括：落实项目进度控制部门的人员，具体控制任务和职责分工：进行项目分解、建立编码体系；确定进度协调工作制度，包括协调会议的时间、人员等；对影响进度目标实际的干扰和风险因素进行分析。

（2）技术措施是采用有效的方法加快施工进度。

（3）合同措施主要有分段发包，提前施工以及各合同期与进度计划的协调等。

（4）经济措施是采用它以保证资金供应。

（5）信息管理措施主要是通过计划进度与实际进度的动态比较，定期地向建设单位提供比较报告等。

二、施工阶段工程进度控制的内容

水利工程项目施工进度控制是从审核承包单位的施工进度计划开始，直到工程项目保修期满为止。监理人员在整个工程项目实施过程中，对施工进度的控制进行事前、事中、事后的控制管理，其工作内容主要有。

（一）开工前的预先进度控制

首先由负责工程项目进度控制的监理工程师，根据工程项目监理规划编制具体实施性和操作性的监理业务文件、施工阶段进度控制工作细则，其主要内容包括：

1. 对施工进度控制目标系统分解

（1）进度控制的主要工作任务。

（2）进度管理组织机构划分与进度控制人员的职责分工。

（3）与进度控制有关的各项工作的时间安排及工作流程。

（4）进度控制的具体措施方法（包括组织措施、技术措施、经济措施及合同措施等）。

（5）施工进度目标实现的风险分析。

（6）尚待解决的有关问题。

2. 编制或审核施工进度计划

施工阶段监理单位的任务之一是力求工程项目的施工任务如期完成，这就要求监理工程师必须审核承包单位的施工进度计划。当采用多标发包时，监理工程师可能要负责施工总进度计划的编制，以便对各施工进度保持衔接关系，据此审批各承包人提交的施工进度计划。当工程项目有总承包单位时，监理工程师只需负责审查总承包单位的总进度计划。对于单位工程施工进度计划，只负责审核而不需负责编制。施工进度计划审核的主要内容有：

（1）进度安排是否符合工程建设总目标及分目标的要求。

（2）施工总进度计划中所列的施工项目是否全面完整，能否满足施工的需要。

（3）施工顺序的安排是否合理。

（4）资金、劳动力、设备、材料供应计划是否能保证进度计划的实现。

（5）各单位工程进度计划之间是否相协调，是否能满足总进度计划的要求。

监理人员对承包人提交的施工进度计划审核后，要在若干个有相互关系的施工进度计划之间，施工进度计划与资源保障计划之间及外部协助施工条件的延伸性计划之间进行综合平衡与相互衔接，形成一个多阶段施工总进度计划，以利于工程项目进行总体控制。

（二）施工过程中的同步进度控制

在施工实施阶段，监理人员要及时监督检查承包人的实际施工进度，与计划进度之间进行对比，发现偏差时，必须及时采取有效措施加以纠正。其主要工作内容包括：

（1）建立施工现场职能部门，监督施工进度实施。

（2）检查双方的准备情况，下达开工命令。

（3）了解施工进度计划的执行情况，协助承包人实施进度计划。

（4）及时检查承包人上报的施工进度报表和分析资料，核实已完成项目的时间及工程量，验收后签发工程进度款支付凭证。

（5）定期向发包人汇报实际进度情况，按期提供进度报告。

（6）组织现场协调会，及时分析、通报工程进度状况，协调各方面的生产活动。

（7）对实际进度与计划进度进行比较、分析，发现偏差，预测对工程进度将带来的影响程度，同时提出可行性的修改措施。

（8）编写施工监理日志。

（三）完成施工任务后的反馈进度控制

（1）提交竣工申请报告，协助组织竣工验收。

（2）处理争议和施工索赔。

（3）整理工程进度资料。

（4）将工程进度资料进行归类、编目和建档，以便为今后工程进度控制提供参考。

（5）督促承包人办理工程移交手续，进行工程移交。

三、施工进度计划的表示方法

（一）横道图

横道图也叫条形图或甘特图，是建筑工程中普遍采用的一种计划方式。如表 8-1，其横坐标为时间，一般以月为单位，纵向每栏为一个单项。用一横道线表示出各分项的施工安排，即各分项的起、止及进行的时间。为了便于管理，可在横线端部标出每项工程的开工和完工日期，同时可在横道线上面，标出每月计划完成该项工程的百分数。在施工过程中，在横道线下面逐月填写每月实际完成的百分数，与计划进度加以对比。

表 8-1　　　　　　　　　　横　道　图

工　序	施　工　进　度						
	1 月	2 月	3 月	4 月	5 月	6 月	7 月
A							
B							
C							
D							

注　┈┈┈计划进度；———实际进度。

横道图的优点是易于制定，能把各事件的持续时间清楚地表现出来，易于阅读，特别是对于单项工程直观性很强，十分清楚地显示出每项单项工程开工和完工周期以及每个月计划和完成的工作量，具有较强的实用价值，易于监控。缺点是不能清晰地表达工序相互衔接的关系，看不出一个工作提前或推迟完成对整个进度计划有无影响和影响程度，看不出哪些是关键工作，利用横道图控制大而复杂的工程进度是困难的。

（二）工程进度曲线

工程进度曲线也叫 S 形曲线，是一个以横坐标表示时间，纵坐标表示累计完成工作量的曲线图。通过计算进度曲线与实际施工进度曲线的比较，可掌握工程进度情况，并利用它来控制施工进度。在固定的施工机械、劳动力条件下，若对施工进度适当的控制，无任何偶发的时间损失，能以正常施工速度进行，则工程每天完成的数量保持一定，施工进度曲线呈直线展开形状，如图 8-1 虚线。在施工初期由于临时设施的布置、工作的安排、装修、整理等原因，施工进度的速度一般较中期为小，施工后期由于装修、整理等原因，每天的完成数量通常自初期至中期呈递增趋势，由中期至末期呈递减趋势，施工曲线呈 S 型，如图 8-1 实线。

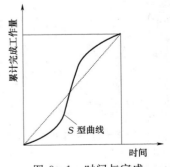

图 8-1　时间与完成
工作量关系曲线

（三）网络图

用网络图进行进度控制，不仅能将现在和将来完成的工程内容、各工序之间的关系明确地表示出来，而且能预先确定各工作的时差，明确关键工作以及进度超前或落后将对以后工程施工和总工期产生多大影响等。网络计划有多种形式，如双代号网络图、单代号网络图等。

第二节　网　络　计　划

网络计划是从 20 世纪 50 年代产生发展起来的，得到了各方面的普遍重视。网络计划是在进度网络上加工作的时间参数而编制成的进度计划，具有直观性、可操作性及实用性的特点。网络计划的基础是网络图，网络图是由箭线和节点组成的，分双代号网络图和单代号网络图。

网络图的特点是能够把施工过程中的有关工作构成一个有机的整体，明确地反映出各项工作之间相互依赖、相互制约的逻辑关系，以及整个工程中的关键路线和关键工作，以便于在计划执行过程中，抓好关键环节进行合理安排，对计划进行有效的调整。

一、双代号网络的绘制原则及参数运用

（一）双代号网络图

双代号网络图是由一些箭线和箭线间的结点构成，用两个数字节点和一箭线代表一个项目、一项任务或一项工作。如①→②。两个数字为箭线的首尾结点编号，作业时间写在箭线上，箭尾表示工作的开始，箭头表示工作的结束。

1. 工作

要完成一项工程项目，需要进行并完成许多有关的工作项目。把这些工作项目通称为"工作"。在实际生活中有两类工作，一类是既要消耗时间又需要消耗资源的工作，例如开挖这项工作，需要有一定的时间才能完成，而且还需要有人力和挖掘机械等资源。另一类工作是只需要消耗时间而不需要消耗资源的工作，例如，建筑施工中的"抹灰干燥"、"混凝土浇筑后的养护"、"油漆干燥"等工作，都是由于技术原因引起的某种停歇或等待。在双代号网络图中，还有一类工作，它既不消耗时间，也不消耗资源，称为虚工作。虚工作就是为了准确而清楚地表示各工作之间的相互关系而引入的，在双代号网络图中用虚线表示，如图 8-2。

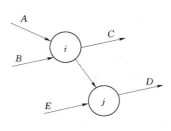

图 8-2　逻辑关系

2. 节点

节点又称事项、事件或结点。它表示一项工作开始或结束的瞬间。在网络图中，用圆圈或方框表示，表示一项工作开始的节点称为工作的开始节点。表示一项工作结束的节点称为工作的结束节点。节点只是一个"瞬间"，既不消耗时间，也不消耗资源。

3. 路线

路线又称为线路，从网络的起点节点出发，顺箭线方向连续不断地经过一系列节点和箭线，到达网络的终点节点有若干条通路，每一条通路都称为一条路线。路线上各工作的延续时间之和，称为该路线的长度。网络中长度最大的路

线称为关键路线。关键路线可能仅有一条，也可能不止一条，关键路线上的工作称为关键工作。关键路线完成的快慢直接影响整个工程的工期。长度短于关键路线长度的任何路线都称为非关键路线。

4. 网络的逻辑关系

所谓网络的逻辑关系，是指一项工作与其它有关的工作之间相互联系与制约的关系，也就是各项工作在工艺上、技术管理上所要求的顺序关系。紧前工作是指安排在本工作之前的工作。紧后工作是指排在本工作之后的工作。某工作的紧前工作可以不止一个，如图8-2，C 的紧前工作是 A、B，而 D 的紧前工作是 A、B、E，虚工作是隔开 C 与 E 的关系，联系 A、B 与 D 的关系。

（二）双代号网络图的绘制原则

（1）网络图的节点应用圆点表示，网络图中所有的节点都必须有编号，编号标注在节点内，严禁重复，同时要求箭尾节点的编号应小于箭头节点的编号。

（2）在网络图中，不允许同时出现节点编号相同的箭线，如图8-3。

（3）在一个网络图中，只允许有一个起始节点，一个终止节点，如图8-4。

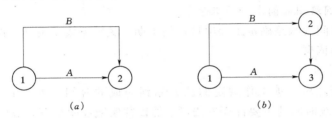

图 8-3　节点编号图例
(a) 错误画法；(b) 正确画法

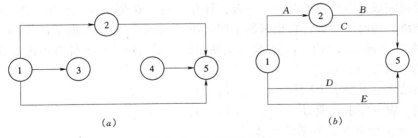

图 8-4　箭线画法图例
(a) 错误画法；(b) 正确画法

（4）在箭线上引入或引出箭线，如图8-5所示。

（5）网络图中不允许出现循环回路，如图8-6。

（6）在网络图中，不允许出现双箭头或无箭头的线段，如图8-7。

（7）网络图应正确表达各工作之间的逻辑关系，同时尽量减少虚工作。

（三）双代号网络图的绘制步骤

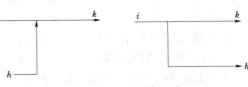

图 8-5　错误的箭线画法

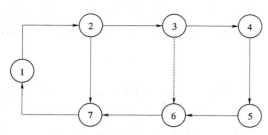

图 8-6   有循环回路的错误网络

（1）根据各工作之间的逻辑关系及前后序顺，确定出本工作的紧前工作及紧后工作。

（2）确定出各个工作的开始节点的位置号和完成节点的位置号。无紧前工作的工作开始节点的位置号为 1，有紧前工作的开始节点位置号等于其紧前工作开始节点的位置号的最大值加 1；有紧后工作的工作完成节点的位置号等于其紧后工作的开始节点位置号中的最小值；无紧后工作的完成节点的位置号等于各有紧后工作的工作完成节点位置号中的最大值加 1。

（3）根据节点位置号和逻辑关系绘出初始网络图。

（4）检查逻辑关系，对初始网络图进行修改。

（a）　　　　　　　　　　　　（b）

图 8-7   错误的箭线画法

（四）双代号网络图时间参数的概念

网络计划的时间参数是确定工程项目计划工期、关键路线、关键工作的基础，是进行计划调整及管理的依据。

1. 工作持续时间

工作持续时间是对一项工作规定的从开始到完成的时间。工作 $i-j$ 的持续时间用 D_{i-j} 表示。工作持续时间的主要计算方法可参照以往实践经验估算，或经过试验推算，或有标准可查，按定额进行计算。

2. 工期

工期泛指完成任务所需的时间，一般有计算工期、要求工期、计划工期三种。计算工期是根据网络计划时间参数计算出来的工期，用 T_c 表示。要求工期是任务委托人所要求的工期，用 T_r 表示。计划工期是在要求工期和计算工期的基础上综合考虑需要和可能而确定的工期，用 T_p 表示。

（1）当已规定了要求工期时　　　$T_p \leqslant T_r$

（2）当未规定要求工期时　　　$T_p = T_c$

3. 最早开始时间和最早完成时间

任何一项工作，只有当它的紧前工作全部完成后才能开工，否则就违反施工程序，引发一些混乱，即最早开始时间是在紧前工作的约束下，本工作有可能开始的最早时间，工作 $i-j$ 的最早开始时间用 ES_{i-j} 表示。最早完成时间是在紧前工作的约束下，本工作有可能完成的最早时间，工作 $i-j$ 的最早完成时间用 EF_{i-j} 表示。

4. 最迟完成时间和最迟开始时间

最迟完成时间是指本工作不影响工程工期的条件下，该工作必须完成的最迟时间，工作 $i-j$ 的最迟完成时间以 LF_{i-j} 表示。最迟开始时间是指一个工作，只有当它保证适时开工，才不致影响后续工作的施工，才不影响整个进度计划的实现，工作 $i-j$ 的最迟开始时间用 LS_{i-j} 表示。

5. 总时差和自由时差

总时差是在不影响工期的前提下，一项工作可以利用的机动时间。工作 $i-j$ 的总时差用 TF_{i-j} 表示。自由时差是在不影响紧后工作最早开始的前提下，一项工作可以利用的机动时间。工作 $i-j$ 的自由时差用 FF_{i-j} 表示。

（五）双代号网络图的参数计算

以图 8-8 所示双代号网络计划为例，说明计算时间参数的过程，其结果如图 8-9。

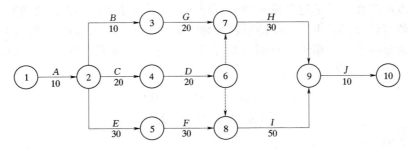

图 8-8 双代号网络计划

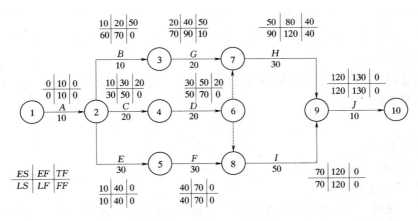

图 8-9 双代号网络计划

1. 计算工作最早开始时间 ES_{i-j} 和最早完成时间 EF_{i-j}

工作最早开始时间和最早完成时间的计算应从网络计划的起始节点开始，顺着箭线方向依次进行。以起始节点为开始节点的工作，其最早开始时间为零。工作最早完成时间等于该工作最早开始时间与其持续时间之和。其余每一工作的最早开始时间等于各该工作的各紧前工作最早完成时间中的最大值。

$$ES_{i-j} = 0$$

$$ES_{i-j} = \max[EF_{h-i}] \qquad (8-1)$$

$$EF_{i-j} = ES_{i-j} + D_{i-j} \qquad (8-2)$$

计算工期等于以网络计划终点节点为完成节点的各个工作的最早完成时间中的最大值。

例如在本例中：

工作 A：$ES_{1-2}=0$　　　　　　$EF_{1-2}=ES_{1-2}+D_{1-2}=0+10=10$

工作 B：$ES_{2-3}=EF_{1-2}=10$　　$EF_{2-3}=ES_{2-3}+D_{2-3}=10+10=20$

工作 I：$ES_{8-9}=EF_{5-8}=70$　　$EF_{8-9}=ES_{8-9}+D_{8-9}=70+50=120$

2. 计算工作最迟完成时间 LF_{i-j} 和最迟开始时间 LS_{i-j}

工作最迟完成时间的计算应从网络计划的终点节点开始，逆箭线方向进行。以终点节点为完成节点的工作，其最迟完成时间等于计划工期。其余工作的最迟完成时间和最迟开始时间以此值可依次推算出。工作的最迟开始时间等于该工作的最迟完成时间与其持续时间之差。其余每一工作的最迟完成时间等于各该工作的各紧后工作最迟开始时间中的最小值。

$$LF_{i-j}=\min[LS_{j-k}] \qquad (8-3)$$

$$LS_{i-j}=LF_{i-j}-D_{i-j} \qquad (8-4)$$

例如在本例中：

工作 J：$LF_{9-10}=130$　　　　$LS_{9-10}=LF_{9-10}-D_{9-10}=130-10=120$

工作 I：$LF_{8-9}=LS_{9-10}=120$　$LS_{8-9}=LF_{8-9}-D_{8-9}=120-50=70$

工作 D：$LF_{4-6}=LS_{8-9}=70$　$LS_{4-6}=LF_{4-6}-D_{4-6}=70-20=50$

3. 计算工作总时差

工作的总时差等于该工作的最迟完成时间与最早完成时间之差，或等于工作的最迟开始时间与最早开始时间之差。

$$TF_{i-j}=LS_{i-j}-ES_{i-j}=LF_{i-j}-EF_{i-j} \qquad (8-5)$$

例如在本例中：

工作 G：$TF_{2-6}=LS_{2-6}-ES_{2-6}=LF_{2-6}-EF_{2-6}=50$

4. 计算工作自由时差

有紧后工作时，工作的自由时差等于该工作各紧后工作的最早开始时间中的最小值与本工作最早完成时间之差。无紧后工作时，工作的自由时差等于计划工期与本工作最早完成时间之差。

$$FF_{i-j}=\min[ES_{j-k}]-EF_{i-j} \qquad (8-6)$$

$$FF_{i-j}=T_p-EF_{i-j} \qquad (8-7)$$

例如在本例中：

工作 G：$FF_{2-6}=ES_{6-8}-EF_{2-6}=50-40=10$

工作 D：$FF_{3-5}=ES_{6-8}-EF_{3-5}=50-50=0$

【例 8-1】　绘制小型混凝土工程施工网络图，见图 8-10。

工序明细表见表 8-2。

【例 8-2】　根据例 8-1 网络图计算网络参数见表 8-3。

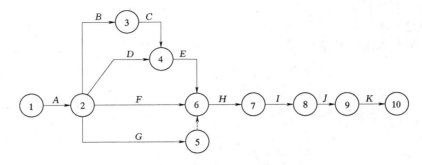

图 8-10 小型混凝土工程逻辑关系网络图

表 8-2 工 序 明 细 表

序 号	工作名称	工作代号	紧前工作	紧后工作	开始节点位置号	完成节点位置号
1	清基	A	—	B、D、F、G	1	2
2	定线	B	A	C	2	3
3	开挖	C	B	E	3	4
4	模板制备	D	A	E	2	4
5	立模	E	C、D	H	4	6
6	混凝土材料准备	F	A	H	2	6
7	拌和机安装	G	A	H	2	5
8	混凝土浇筑	H	E、F、G	I	6	7
9	养护	I	H	J	7	8
10	拆模	J	I	K	8	9
11	整修	K	J	—	9	10

表 8-3 网 络 参 数

序 号	工作名称	工作历时（天）	节点编号	ES	EF	LS	LF	TF	FF
1	清基	2	1—2	0	2	0	2	0	0
2	定线	1	2—3	2	3	3	4	1	0
3	开挖	2	3—4	3	5	4	6	1	0
4	模板制备	1	2—4	2	3	5	6	3	2
5	立模	1	4—6	5	6	6	7	1	1
6	混凝土材料准备	5	2—6	2	7	2	7	0	0
7	拌和机安装	3	2—5	2	5	4	7	2	2
8	虚拟工作	0	5—6	5	5	7	7	2	2
9	混凝土浇筑	2	6—7	7	9	7	9	0	0
10	养护	6	7—8	9	15	9	15	0	0
11	拆模	1	8—9	15	16	15	16	0	0
12	整修	1	9—10	16	17	16	17	0	0

总工期：$T_c = 17$ 天

关键线路：$A - F - H - I - J - K$

网络时间计算图，见图 8-11。

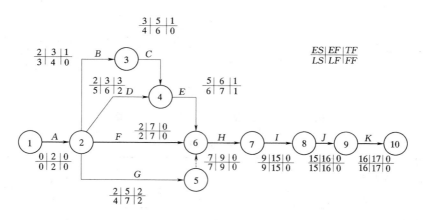

图 8-11　双代号网络时间参数计算图

二、双代号网络图在进度控制中的应用

施工进度计划是监理人员实现进度控制的前提。由于水利工程项目建设的复杂性、长期性，使得施工前编制的施工进度计划不可能完全准确无误。在施工进度计划执行过程中，监理人员必须建立一种认识观念，即计划不变是相对的，计划变化是绝对的。监理人员必须采取准确的监测手段来发现问题、分析问题，并应用行之有效的进度调整方法及时解决问题，只有这样才能及时发现进度计划执行过程中产生的偏差，使偏差得到及时纠正，确保工程建设项目进度总目标的实现。

（一）施工进度计划实施过程中的监测

在施工进度计划执行过程中，监理人员的监测可全面准确地了解进度计划执行情况，是发现偏差的主要手段。此阶段的工作过程为：首先，监理人员跟踪检查，收集有关的工程实际进度资料。实际进度资料可通过收集进度报表，即施工单位按监理人员要求的格式、详细程度、方式，定期填写进度报表，监理人员根据进度报表了解工程实际进度；通过常驻施工现场，掌握实际进度的第一手资料，检查进度计划实际执行情况；定期召开现场进度会议；监理人员与施工单位有关人员面对面地了解实际进度情况。其次，将收集的实际进度资料进行整理、统计分析，形成具有可比性的数据。如根据检查等得到实际完成量，据此计算累计完成量、完成的百分比和累计完成百分比等数据资料。最后将整理后的实际进度数据与计划进度数据进行比较，找出实际进度与计划进度的偏差。实际进度与计划进度比较方法主要有：标图检查法，前锋线检查法，割切检查法，列表检查法。

1. 标图检查法

标图检查法是将所查时段内所完成的工作项目用图或文字及时地标注到网络图上，并随时加以分析采取措施，从而将施工活动向前推进。此法简单、方便，是监理人员检查网络计划的第一手资料。它适合于经常性、周期性检查。

2. 前锋线检查法

前锋线检查法是一种工程实际进度与计划进度比较的简单方法，主要适合于时标网络计划。所谓时标网络计划，是以时间坐标为尺度绘制的网络计划。它既有网络计划的优点，又有横道图计划时间直观的优点，故在实际工作中经常被使用。在时标网络计划中，以实箭线表示工作，以虚箭线表示虚工作，以波形线表示工作与其紧后工作之间的时间间隔。

前锋线检查法是从检查时刻出发，将检查时刻正在进行工作的实际进度点依次连接起来，组成一条前锋线。按前锋线与箭线交点的位置判定工作实际进度与计划进度的偏差。其比较步骤是：首先在网络图上、下方各设一时间坐标，然后从上方时间坐标的检查时刻绘起，依次连接各工作箭线的实际进度点，并与下方时间坐标的检查时刻连接。最后进行实际进度与计划进度的对比。如实际进度点位置与检查日时间坐标相同，则说明进度一致；如实际进度点位置在检查日时间坐标右侧，则说明工作实际进度超前，超前天数为二者之差；如工作实际进度点位置在检查日时间坐标左侧，则说明该工作实际进度拖后，延误天数为二者之差。

【例 8 - 3】　已知某工程的计划网络图（图 8 - 12）及在第 5 天检查时的实际前锋线（图 8 - 13），试用前锋线检查法检查工程进度。

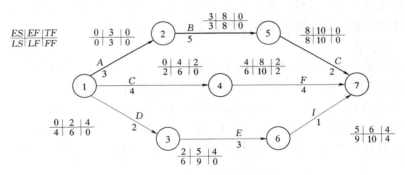

图 8 - 12　某工程计划网络图

从图 8 - 13 所示前锋线可以看出，在第 5 天检查时，工作 A、工作 C、工作 D 已经完成。工作 B 已经进行了一天比原计划拖后 1 天，由于工作 B 为关键工作，故影响工期 1 天。工作 F 的实际进度与原计划完全一致。工作 E 没能按计划完成任务，比原计划拖后 2 天，但由于工作 E 的总时差为 4 天，故不会影响工期，只影响工作 H 的按时开工。综上所述，由于受工作 B 的影响，工期延长 1 天。

3. 割切检查法

割切检查法是一种将网络计划中已完成的部分割除，然后对剩余网络部分进行分析的一种方法，即把检查日期作为剩余网络计划的开始时间（最早开始时间），计算各工作的最早开始时间，各工作的最迟完成时间保持不变，然后计算各工作总时差，若产生负时差，则说明项目进度拖后。应在出现负时差的工作线路上，调整工作历时，消除负时差，以保证工期按时完成。

4. 列表检查法

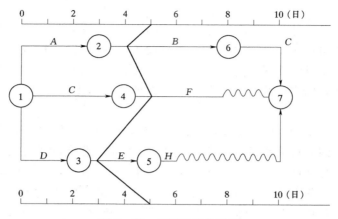

图 8－13　实际进度前锋线

列表检查法是记录检查时应该进行的工作名称和已进行的天数，然后列表计算有关时间参数，根据总时差和尚有总时差判断工程的偏差情况。若工作尚有总时差与原有总时差相等，则说明该工作的实际进度与计划进度一致；若工作尚有总时差小于原有总时差，但仍为正值，则说明该工作的实际进度比计划进度拖后，但不影响总工期；若尚有总时差为负值，则说明对总工期有影响；若工作尚有总时差大于原有总时差，则说明该工作的实际进度比计划进度超前，超前值为尚有总时差与原有总时差之差。

检查计划时其中：

工作 $i-j$ 尚需作业时间＝工作 $i-j$ 持续时间－工作 $i-j$ 已进行的时间

计划最后完成时尚余时间＝工作 $i-j$ 的最迟完成时间－检查时间

工作 $i-j$ 的尚有总时差＝计划最后完成时尚余时间－工作 $i-j$ 尚需作业时间

【例 8－4】　已知网络计划如图 8－14 所示，在第 5 天检查时，发现工作 A 已经完成，工作 B 已进行 1 天，工作 C 已进行 2 天，工作 D 尚未开始。试用列表法进行工程进度比较。

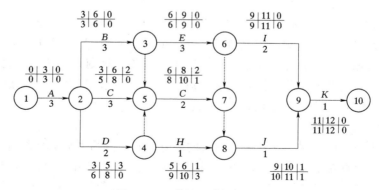

图 8－14　某工程计划网络图

第 5 天检查时，对工程实际进度情况，经过计算，将有关数据填入表 8－4 相应栏目内进行情况比较判断。

表 8 - 4　　　　　　　　　　　　工程进度检查比较表

工作代号	工作名称	检查计划时尚需作业天数	到计划最后完成时尚余天数	原有总时差	尚有总时差	情况判断
2-3	B	2	6-5=1	0	-1	影响工期天数
2-5	C	1	8-5=3	2	2	正常
2-4	D	2	8-5=3	3	1	正常

（二）施工进度计划实施中的调整方法

经过施工实际进度与计划进度的对比分析，根据合同或计划中规定的目标，进行施工预测，估计各项工作按时完成的可能性。

当进度出现偏差时，需要分析偏差的大小及其所处的位置，对后续工作和总工期的影响程度。分析的方法主要是利用网络计划中总时差和自由时差的概念。当偏差大于自由时差、而小于总时差时，影响后续工作的最早开工时间，对总工期无影响；当偏差大于总时差时，后续工作和总工期都有影响。经过分析，监理人员应根据分析结果，确定调整措施，得到符合实际进度情况和计划目标的新的进度计划。

对于进度计划的调整，监理人员应该将实际工程进度所产生的偏差，消除在计划总工期之内，使工程项目能够按时完成。

1. 改变某些工作间的逻辑关系

如果实际进度偏差影响了总工期，而且有关工作之间的逻辑关系可以改变，调整关键线路和超计划工期的非关键线路上的有关工作之间的逻辑关系，达到缩短工期的目的。

2. 缩短某些工作的持续时间

这种方法是在不改变工作之间的逻辑关系基础上，缩短那些由于工期拖延而引起总工期增长的关键线路和某些非关键线路上的工作持续时间，从而加快施工速度，以保证实现计划工期的方法。当网络计划中某项工作进度拖延的时间性大于其自由时差、小于总时差，说明这一拖延只对后续工作产生影响，而不影响总工期的实现。此时，在调整前，需确定后续工作允许拖延的时间限制，并以此作为进度调整的限制条件，压缩其后续工作的作业历时，以此来消除进度偏差。

【例 8 - 5】　某工程网络计划如图 8 - 15 所示。

在开工 30 天后进行检查时发现，工作 B 发生延误，延误了 10 天，天数小于总时差，对总工期 130 天无影响，只对后续工序 D、F 有影响。

此时对网络计划调整时要考虑两种情况，如延误时间完全允许，可以调整后续的参数直接代入原计划；如拖延时间有限制要求，即工作 F 必须按时开工，则只能压缩工作 D 的持续时间，由原来的 20 天调整为 10 天。

当网络计划中某项工作进度偏差时间超过了该工作的总时差时，不管该工作是否为关键工作，都会对工程项目的总工期有影响。这时尽可能采取补救措施，在规定的总工期内，对后续工作的持续时间进行有效的压缩，确保工程项目在合同规定的工期内完成。

当进度拖延造成在合同规定的工期内进行调整已无法补救，这时只能调整控制工期，此时应注意以下事项：

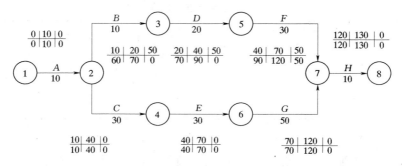

图 8-15　某工程计划网络图

（1）除投产日期外的其它控制日期。水电工程应以保证机组能按时发电为原则，如截流日期拖延，可考虑加快基坑施工进度；厂房土建工期拖延可考虑加快机电安装；开工时间拖延可考虑加快混凝土浇筑速度，以保证第一台机组能按时发电。

（2）经过各方认真研究讨论，确认无法保证合同规定的总工期时，可考虑推迟工期，但应报上级主管部门审批，进度调整应使推迟的工期最短。

在项目进度计划的执行过程中，监理人员的任务就是力求工程项目按时完成，因为进度无论拖延还是超前，都可能造成目标的失控。在水利水电施工总进度计划中，如某项工作进度提前，可能导致资源的使用发生变化，打乱了原来资源安排计划，引起后续工作安排的调整。因此，当实际工程进度超前时，监理人员必须综合分析由于进度超前对后续工作产生的影响，并与承包单位共同研究，提出合理的进度调整方案。

三、单代号网络图的应用

单代号网络图又称节点式网络图。它是以节点表示工作，箭线表示工作之间的逻辑关系，其表示方法如图 8-16 所示。

与双代号网络图相比，单代号网络图的绘制简单，不需要增加虚工作。一般情况下单代号网络图的节点数和箭线数比双代号网络图多，节点的编号不能确定工作之间的逻辑关系。另外，单代号网络图在使用过程中不如双代号网络图直观、方便。但由于单代号网络图绘制的简便性，及网络技术发展的需要，单代号网络图被越来越多的人使用。

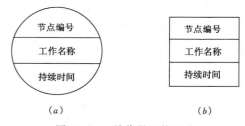

图 8-16　单代号网络图中
工作的表示方法

（一）单代号网络图的绘制原则

（1）单代号网络图的节点宜用圈圆或矩形表示。工作名称、工作编号及工作历时应标注在节点内。

（2）在单代号网络图中，如果有多项起始工作或多项结束工作时，应在网络图的两端分别设置一项虚拟工作，作为网络起始节点和终止节点，如图 8-17。

如果网络图中只有一项起始工作或一项终止工作时，就不需设置虚拟的起始节点和终止节点，如图 8-18。

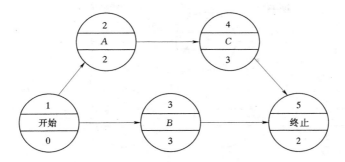

图 8-17 具有虚节点的单代号网络图

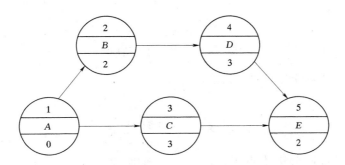

图 8-18 没有虚节点的单代号网络图

（3）网络图中不允许出现循环回路。

（4）网络图中不允许出现双箭线和无箭头的线路。

（5）网络图中的工作编号不允许重复，任何一个编号只能表示一项工作。

单代号网络图的绘制方法十分简单，只需根据工作的逻辑关系由前向后逐一将工作画出即可。

【例题 8-6】 已知网络图的资料见表 8-5 所示，绘出单代号网络图，见图 8-19。

表 8-5 网 络 图 资 料 表

工 作	A	B	C	D	E	G
紧前工作	—	A	A	B	B	C、D、E

（二）单代号网络计划时间参数的确定

在单代号网络计划图中，一个节点表示一个工作。在标注方式上，除标注各个工作的主要时间参数外，还应在箭线上方标注出相邻工作之间的时间间隔，即该工作的最早完成时间与其紧后工作最早开始时间之差，用 LAG 表示。单代号网络计划与双代号网络计划只是表示形式不同，它们所表述的内容是一致的。

1. 最早开始时间 ES_i 最早完成时间 EF_i

计划工作的最早开始时间和最早完成时间是顺着箭线方向按节点编号从小到大计算。

最早开始时间 ES_i：网络起始工作的最早开始时间为零，其它工作的最早开始时间应

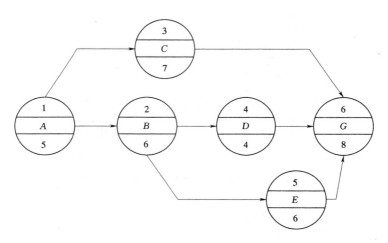

图 8 - 19 单代号网络图

等于其紧前工作最早完成时间的最大值，即

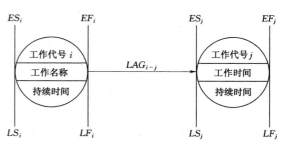

$$\begin{cases} ES_i = 0 \\ ES_i = \max[EF_h] \end{cases} \qquad (8-8)$$

工作的最早完成时间等于本工作的最早开始时间与其持续时间之和，即

$$EF_i = ES_i + D_i \qquad (8-9)$$

图 8 - 20 单代号网络计划
时间参数标注方式

2. 相邻两项工作之间的时间间隔 LAG_{i-j}

工作 i 与其紧后工作 j 之间的时间间隔等于工作 i 的最早完成时间与其紧后工作 j 最早开始时间之差，即

$$LAG_{i-j} = ES_j - EF_i \qquad (8-10)$$

3. 总时差（TF_i）

工作总时差应逆着箭线方向按工作编号从大到小的顺序计算，对于网络计划终节点的总时差，其值为零。对于其它工作的总时差等于其紧后工作的总时差加该工作与其紧后工作之间的时间间隔之和的最小值。即

$$\begin{cases} TF_n = 0 \\ TF_i = \min[TF_j + LAG_{i-j}] \end{cases} \qquad (8-11)$$

4. 自由时差（FF_i）

对于无紧后工作，工作的自由时差等于计划工期减该工作的最早完成时间；对于有紧后工作的，该工作的自由时差等于该工作与其紧后工作之间的时间间隔的最小值，即

$$\begin{cases} FF_p = T_i - EF_i \\ FF_i = \min[LAG_{i-j}] \end{cases} \qquad (8-12)$$

5. 工作最迟开始时间 LS_i 和最迟完成时间 LF_i

工作最迟开始时间等于该工作的最早开始时间加该工作的总时差，即

$$LS_i = ES_i + TF_i \tag{8-13}$$

工作最迟完成时间等于该工作的最早完成时间加该工作的总时差,即

$$LF_i = EF_i + TF_i \tag{8-14}$$

6. 关键线路的判定

关键线路的两相邻工作之间的时间间隔值必为零。

【例 8-7】 图 8-21 的单代号网络图的参数计算。

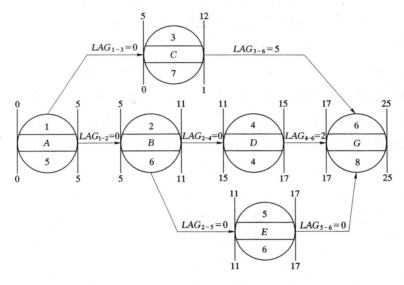

图 8-21 单代号参数网络图

1. 最早开始时间和最早完成时间计算

$$ES_1 = 0$$

$$EF_1 = ES_1 + D_1 = 0 + 5 = 5$$

$$ES_2 = ES_3 = EF_1 = 5$$

$$EF_2 = ES_2 + D_2 = 5 + 6 = 11$$

$$EF_3 = ES_3 + D_3 = 5 + 7 = 12$$

$$ES_4 = EF_2 = 11$$

$$EF_4 = ES_4 + D_4 = 11 + 4 = 15$$

$$ES_5 = EF_2 = 11$$

$$EF_5 = ES_5 + D_5 = 11 + 6 = 17$$

$$ES_6 = EF_5 = 17$$

$$EF_6 = ES_6 + D_6 = 17 + 8 = 25$$

2. 计算相邻两项工作之间的时间间隔

$$LAG_{1-3} = ES_3 - EF_1 = 5 - 5 = 0$$

$$LAG_{1-2} = ES_2 - EF_1 = 5 - 5 = 0$$

$$LAG_{2-4} = ES_4 - EF_2 = 11 - 11 = 0$$

$$LAG_{2-5} = ES_5 - EF_2 = 11 - 11 = 0$$

$$LAG_{3-6} = ES_6 - EF_3 = 17 - 12 = 5$$

$$LAG_{4-6} = ES_6 - EF_4 = 17 - 15 = 2$$

$$LAG_{5-6} = ES_6 - EF_5 = 17 - 17 = 0$$

3. 计算总时差

$$TF_6 = 0 \qquad\qquad TF_5 = TF_6 + LAG_{5-6} = 0 + 0 = 0$$

$$TF_4 = TF_6 + LAG_{4-6} = 0 + 2 = 2 \qquad TF_3 = TF_6 + LAG_{3-6} = 0 + 5 = 5$$

$$TF_2 = TF_5 + LAG_{2-5} = 0 + 0 = 0 \qquad LE_1 = TF_2 + LAG_{1-2} = 0 + 0 = 0$$

4. 计算自由时差

$$FF_6 = TP - EF_8 = 25 - 25 = 0$$

$$FF_5 = LAG_{5-6} = 0$$

$$FF_4 = LAG_{4-6} = 2$$

$$FF_3 = LAG_{3-6} = 5$$

$$FF_2 = LAG_{2-5} = 0$$

$$FF_1 = LAG_{1-2} = 0$$

5. 最迟开始时间

$$LS_1 = ES_1 + TF_1 = 0 + 0 = 0$$

$$LS_2 = ES_2 + TF_2 = 5 + 0 = 5$$

$$LS_3 = ES_3 + TF_3 = 5 + 5 = 10$$

$$LS_4 = ES_4 + TF_4 = 11 + 2 = 13$$

$$LS_5 = ES_5 + TF_5 = 11 + 0 = 11$$

$$TS_6 = ES_6 + TF_6 = 17 + 0 = 17$$

6. 最迟完成时间

$$LF_1 = EF_1 + TF_1 = 5 + 0 = 5$$

$$LF_2 = EF_2 + TF_2 = 11 + 0 = 11$$

$$LF_3 = EF_3 + TF_3 = 12 + 5 = 17$$

$$LF_4 = EF_4 + TF_4 = 15 + 2 = 17$$

$$LF_5 = EF_5 + TF_5 = 17 + 0 = 17$$

$$LF_6 = EF_6 + TF_6 = 25 + 0 = 25$$

第三节　案　例　分　析

案 例 一

◀ 背景材料

　　某工程合同工期为 24 个月，其初始网络图（双代号）如图 8-22。

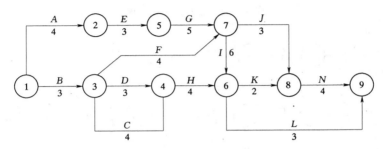

图 8-22　某工程初始网络图

? 问　题

　　（1）该网络计划图有何错误？

　　（2）如果工作 A、H、J 须共同使用一台挖掘机，初始网络计划应该如何调整，为什么？挖掘机在现场闲置时间为多少？

　　（3）当调整后的计划执行 3 个月后，发包人提出增加一项新的土方开挖，工作 P 与工作 A 使用同一台机械。根据施工工艺要求工作 P 必须安排在工作 A 完成之后开始，并在工作 I 开始之前完成，持续时间为 2 个月，试绘制出相应的双代号网络图，并确定其合理性及可行性。

　　（4）当增加工作后，在进度计划执行过程中，由于发包人的原因使工作 G 拖延了 1 个月；由于承包人使用机械不当，使工作 H 拖延了半个月；由于不可抗力原因使工作 F 拖延了 2 个月。试确定这些拖延对工程进度计划有何影响；并确定补救措施。

▶ 参考答案

　　（1）对承包人提交的初始网络计划应认真审查。该工程初始网络错误在于，工作 I 的箭尾节点编号大于箭头节点编号，工作 D、工作 C 的节点编号相同。应对初始网络图进行修改，修改方法如图 8-23 所示。

　　（2）由于工作 A、工作 H、工作 J 共同用一台挖掘机，这样初始网络图中，相应工作之间的逻辑关系就发生了变化。工作 H 的紧前工作，不再只有工作 D 与工作 C，还要加入工作 A；同理，工作 J 的紧前工作不仅只有工作 G 和工作 F，还要加入工作 H。这样，则需调整网络图。如图 8-24 所示。调整后，需重新审核各工作的逻辑关系及计算工期。

　　根据调整后的网络图，进行计划总工期计算。

　　线路：1—2—5—8—10—11　　　　　$TP=19$（月）

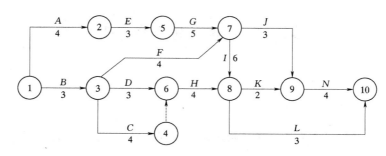

图 8-23   修改后的网络图

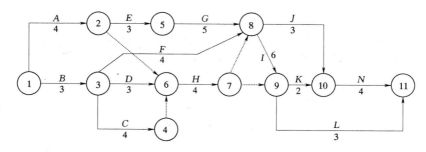

图 8-24   调整后的网络图

$$1-2-5-8-9-10-11 \qquad TP=24（月）$$
$$1-2-6-7-8-9-10-11 \qquad TP=20（月）$$
$$1-2-6-7-8-10-11 \qquad TP=15（月）$$
$$1-2-6-7-9-10-11 \qquad TP=14（月）$$
$$1-2-5-8-9-11 \qquad TP=21（月）$$
$$1-3-6-7-9-10-11 \qquad TP=16（月）$$
$$1-3-8-9-10-11 \qquad TP=19（月）$$
$$1-3-8-9-11 \qquad TP=16（月）$$
$$1-3-6-7-8-9-10-11 \qquad TP=22（月）$$
$$1-3-4-6-7-9-10-11 \qquad TP=17（月）$$
$$1-3-4-6-7-9-11 \qquad TP=14（月）$$

通过以上计算，计算工期为 24 个月，满足合同工期要求。挖掘机施工顺序 $A-H-J$ 可满足要求。

挖掘机闲置时间：$A-H$：$ES_H-EF_A=7-4=3$（月）

$H-I$：$ES_I-EF_H=12-11=1$（月）

合计闲置：4 个月

（3）增加工作 P 后双代号网络图如图 8-25 所示。

增加工作 P 后，计算工期仍为 24 个月。同时，由于工作 P 是在工作 A 后进行，持续时间为 2 个月，而工作 A 与工作 H 之间，机置闲置时间有 3 个月。这样，可减少 2 个月的闲置时间。使挖掘机的总闲置时间由原来的 4 个月减少为 2 个月，故此方案可行。

（4）首先进行图 8-25 的网络图参数计算，计算结果见表 8-6。

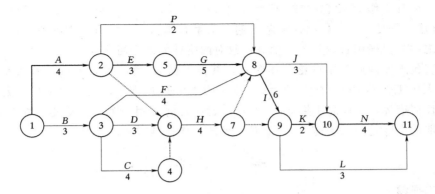

图 8-25　加入工作 P 后的网络图

表 8-6　　　　　　　　　　参 数 计 算 表

序号	工作名称	绘图编号	历时	ES	EF	LS	LF	TF	FF
1	A	1—2	4	0	4	0	4	0	0
2	B	1—3	3	0	3	1	4	1	0
3	E	2—5	3	4	7	4	7	0	0
4		2—6	0	4	4	8	8	4	3
5	C	3—4	4	3	7	4	8	1	0
6	D	3—6	3	3	6	5	8	2	1
7	F	3—8	4	3	7	8	12	5	5
8		4—6	0	7	7	8	8	1	0
9	G	5—8	5	7	12	13	18	6	0
10	H	6—7	4	7	11	8	12	1	0
11		7—8	0	11	11	12	12	1	1
12		7—9	0	11	11	18	18	7	7
13	I	8—9	6	12	18	12	18	0	0
14	J	8—10	3	12	15	17	20	5	5
15	K	9—10	2	18	20	18	20	0	0
16	L	9—11	3	18	21	21	24	3	3
17	N	10—11	4	20	24	20	24	0	0

关键线路：1—2—5—8—9—10—11。

由于不可抗力原因使工作 F 拖延 2 个月，其偏差值 $\Delta=2$，从参数计算结果可以看出：偏差小于自由时差，即 $\Delta=2<FF_{3-8}=5$，同时小于其总时差 $TF_{3-8}=5$，所以工作 F 拖延 2 个月对总工期无影响。

由于承包人原因使工作 H 拖延了半个月，即偏差为 $\Delta=0.5$ 个月，因工作 H 不在关键线路上，而且工作 H 的总时差 $TF=1$，自由时差 $FF=0$，这样 $FF<\Delta<TF$，这说明，工作 H 拖延半个月，不会影响合同总工期，只是对紧后工作的开工时间有影响。由于工作 $H-J$ 之间，机械闲置时间为 1 个月，故对网络计划无任何影响。

由于发包人原因使工作 G 拖延 1 个月，其偏差值 $\Delta=1$，因工作 G 处在关键线路上，且偏差值大于工作 G 的总时差 $TF=0$，这说明工作 G 的拖延，会使总工期拖延 1 个月。如不采取任何措施，将使总工期达 25 个月，超过合同工期一个月。要使工程在合同期内完成，采取的措施是缩短关键工作 I、K、N 的工作持续时间。

习　　题

单项选择题

1. 为了有效地控制工程建设进度，必须对影响进度的各种因素进行全面分析和预测。影响工程建设进度的因素有很多，其中（　　）的因素影响最多。

A. 资金因素；B. 人的因素；C. 技术因素；D. 合同因素。

2. 监理工程师控制工程建设进度的方法是（　　）。

A. 行政方法；B. 经济方法；C. 目标规划方法；D. 管理技术方法。

3. 双代号网络计划中的节点表示（　　）。

A. 工作；B. 工作的开始；C. 工作的结束；D. 工作的开始或结束。

4. 双代号网络图与单代号网络图的最主要区别是（　　）。

A. 节点的编号不同；B. 表示工作的符号不同；C. 使用的范围不同；D. 时间参数的计算方法不同。

5. 在双代号网络计划中，判别关键工作的条件是该工作（　　）。

A. 自由时差最小；B. 与其紧后工作之间的时间间隔为零；C. 持续时间最长；D. 最早开始时间等于最迟开始时间。

6. 双代号网络计划中的虚工作（　　）。

A. 既消耗时间，又消耗资源；B. 只消耗时间，不消耗资源；C. 既不消耗时间，也不消耗资源；D. 不消耗时间，消耗资源。

7. 双代号网络图中，工作 A 的最迟完成时间为第 25 天，其持续时间为 6 天。该工作有三项紧前工作，最早完成时间分别为第 10 天、第 12 天和第 13 天，则工作 A 的总时差为（　　）。

A. 6 天；B. 9 天；C. 12 天；D. 15 天。

8. 网络图应符合（　　）。

A. 只有一个起点节点；B. 只有一个结束工作；C. 起点节点可有多条内向箭线；D. 终点节点可有多条外向箭线。

9. 某项工作，当推迟时间大于其总时差时，（　　）。

A. 关键线路不变；B. 关键线路改变；C. 该工作自由时差不变；D. 该工作总时差不变。

10. 某工程网络计划，已知工作 A 的总时差和自由时差分别为 7 天和 4 天，监理工师检查实际进度时发现该工作的持续时间延长了 3 天，说明此时工作 A 的实际进度（　　）。

A. 不影响总工期及后续工作的正常进行；B. 不影响总工期，但后续工作的开始时间推迟 3 天；C. 将使总工期延长 3 天，但不影响其后续工作正常进行；D. 后续工作的开始时间推迟 3 天，并使总工期延长 3 天。

第九章　施工阶段的质量控制

水利工程项目施工阶段是根据图纸和设计文件的要求，通过工程施工技术人员的劳动形成工程实体的阶段。这个阶段的质量控制无疑是极其重要的，其中心任务是通过建立健全有效的质量监督工作体系，确保工程质量达到合同规定的标准和等级要求。为此，在水利工程项目建设中，建立了质量管理的三个体系，即施工单位的质量保证体系、建设（监理）单位的质量检查体系和政府部门的质量监督体系。

第一节　工程项目质量和质量控制的概念

一、工程项目质量和质量控制的概念

（一）工程项目质量

质量是反映实体满足明确或隐含需要能力的特性之总和。工程项目质量是国家现行的有关法律、法规、技术标准、设计文件及工程合同中对工程的安全、适用、经济、美观等特性的综合要求。

从功能和使用价值来看，工程项目质量体现在适用性、可靠性、经济性、外观质量与环境协调等方面。由于工程项目是依据项目法人的需求而兴建的，故各工程项目的功能和使用价值的质量应满足于不同项目法人的需求，并无一个统一的标准。

从工程项目质量的形成过程来看，工程项目质量包括工程建设各个阶段的质量，即可行性研究质量、工程决策质量、工程设计质量、工程施工质量、工程竣工验收质量。

工程项目质量具有两个方面的含义：一是指工程产品的特征性能，即工程产品质量；二是指参与工程建设各方面的工作水平、组织管理等，即工作质量。工作质量包括社会工作质量和生产过程工作质量。社会工作质量主要是指社会调查、市场预测、维修服务等。生产过程工作质量主要包括管理工作质量、技术工作质量、后勤工作质量等，最终将反映在工序质量上，而工序质量的好坏，是受人、原材料、机具设备、工艺及环境等五方面因素的影响。因此，工程项目质量的好坏是各环节、各方面工作质量的综合反映，而不是单纯靠质量检验查出来的。

（二）工程项目质量控制

质量控制是指为达到质量要求所采取的作业技术和活动，工程项目质量控制，实际上就是对工程在可行性研究、勘测设计、施工准备、建设实施、后期运行等各阶段、各环节、各因素的全过程、全方位的质量监督控制。工程项目质量有个产生、形成和实现的过程，控制这个过程中的各环节，以满足工程合同、设计文件、技术规范规定的质量标准。

我国的工程项目建设中，工程项目质量控制按其实施者不同，包括三方面：

1. 项目法人的质量控制

项目法人方面的质量控制，主要是委托监理单位依据国家的法律、规范、标准和工程建设的合同文件，对工程建设进行监督和管理。其特点是外部的、横向的、不间断的控制。

2. 政府方面的质量控制

政府方面的质量控制是通过政府的质量监督机构来实现的，其目的在于维护社会公共利益，保证技术性法规和标准贯彻执行。其特点是外部的、纵向的、定期或不定期抽查。

3. 承包人方面的质量控制

承包人主要是通过建立健全质量保证体系，加强工序质量管理，严格施行"三检制"（即初检、复检、终检），避免返工，提高生产效率等方式来进行质量控制。其特点是内部的、自身的、连续的控制。

二、工程项目质量的特点

由于建筑产品位置固定、生产流动性、项目单件性、生产一次性、受自然条件影响大等特点，决定了工程项目质量具有以下特点：

1. 影响因素多

影响工程质量的因素是多方面的，如人的因素、机械因素、材料因素、方法因素、环境因素等均直接或间接地影响着工程质量。尤其是水利工程项目主体工程的建设，一般由多家承包单位共同完成，故其质量形式较为复杂，影响因素多。

2. 质量波动大

由于工程建设周期长，在建设过程中易受到系统因素及偶然因素的影响，使产品质量产生波动。

3. 质量变异大

由于影响工程质量的因素较多，任何因素的变异，均会引起工程项目的质量变异。

4. 质量具有隐蔽性

由于工程项目实施过程中，工序交接多，中间产品多，隐蔽工程多，取样数量受到各种因素、条件的限制，使产生错误判断的概率增大。

5. 终检局限性大

由于建筑产品位置固定等自身特点，使质量检验时不能解体、拆卸，所以在工程项目终检验收时难以发现工程内在的、隐蔽的质量缺陷。

此外，质量、进度和投资目标三者之间既对立又统一的关系，使工程质量受到投资、进度的制约。因此，监理人员应针对工程质量的特点，严格控制质量，并将质量控制贯穿于项目建设的全过程。

三、影响工程项目质量因素的控制

工程项目质量取决于施工过程的工序质量，即影响工程项目质量的因素主要有人、材料、机械、方法和环境等五大方面，对这五方面因素的严格控制是保证建设项目质量的关键。

（一）人的控制

人是指直接参与工程建设的决策者、组织者、指挥者和操作者。对人的因素进行控制，可通过对参与工程建设的设计、施工等单位进行资质审查，具体应审查领导者的素质和操作者的素质。领导层的整体素质，是提高工程项目质量的关键。操作人员的质量意识、遵守操作规程与否、技术水平、操作熟练程度等，对工程项目质量的影响较大。如某土石坝工程，试验检测人员采用环刀法在对粘土心墙进行质量检查时，由于取样没有严格按操作规程进行，试样中含有杂质，导致检测结果不合格，使得施工单位返工多次，造成不必要的浪费。

（二）材料控制

影响工程项目质量的材料因素主要是材料的成分、物理性能、化学性能等。材料质量是工程项目质量的基础，材料质量不合格，必然影响工程项目质量。对材料的质量控制应当是全过程的控制，即从采购、加工制造、运输、装卸、进场、存放、使用等全方位进行系统的监督与控制。

（三）方法控制

影响工程项目质量的方法因素主要是，工程项目整个建设周期内所采取的技术方案、工艺流程、组织措施、检测手段及施工组织设计等。方法控制主要通过审查施工组织设计、施工质量保证措施、施工方案等方式进行。

（四）施工机械设备的控制

对工程项目质量有影响的机械设备因素主要是机械的数量和性能，所以合理选择符合质量进度要求的施工机械型式、性能参数及数量，加强对施工机械的维修、保养和使用管理，是对施工机械设备控制的有效措施。

（五）环境因素的控制

影响工程项目质量的环境因素有工程地质、水文地质、水文气象、噪音、通风、振动、照明、污染等，控制的措施主要是创造良好的施工环境，排除环境的干扰等。

第二节　ISO9000 系列标准简介

随着施工新技术、新工艺、新材料的广泛采用，工程日趋复杂，难度越来越大，施工企业仅靠设备、技术规范和检验，无法使工程质量达到规定的或潜在的质量需要，为了对工程形成的全过程进行控制，预防工程质量事故的发生，施工企业必须按 ISO9000 族标准的要求建立、健全质量管理体系，提高企业信誉，使影响工程质量的因素始终处于受控状态，长期、稳定地保证工程质量。

ISO9000 系列标准是国际标准化组织 ISO 于 1987 年正式发布的国际质量认证标准。它是许多经济发达国家多年实践经验的总结，我国等同采用 ISO9000 系列标准，国家标准编号为 GB/T19000。此系列标准具有通用性和指导性，企业按 ISO9000 系列标准去建立健全质量管理体系，可使工程质量管理工作规范化、制度化，可提高工程建设质量管理水平，提高工程质量，降低工程成本，提高企业竞争能力，同时也有利于保护项目法人利益，保证工程质量评定的客观公正性。

一、ISO9000 族标准

ISO 成立于 1970 年，由 80 多个国家标准机构组成，是联合国的一级咨询组织。1987

版 ISO9000 族标准来源于英国标准 BS5750。为了在质量管理领域推广这一行之有效的管理方法，国际标准化组织（ISO）经过卓有成效的努力和辛勤劳动，于 1987 年产生了首版 ISO9000：1987 系列标准，使之成为衡量企业质量管理活动状况的一项基础性的国际标准。这种质量管理模式在给企业管理注入新的活力和生机、给世界贸易带来质量可信度、给质量管理体系提供评价基础的同时，也随着全球经济一体化、客观认识的提高和标准自身的需要不断发展和完善。从 ISO9000 系列标准的演变过程可见，1987 版 ISO9001 标准从自我保证的角度出发，更多关注的是企业内部的质量管理和质量保证。1994 版 ISO9001 标准则通过 20 个质量管理体系要素，把用户要求、法规要求及质量保证的要求纳入标准的范围中。2000 版 ISO9001 标准在标准构思和标准目的等方面出现了具有时代气息的变化，过程方法的概念、顾客需求的考虑、持续改进的思想贯穿于整个标准，把组织的质量管理体系满足顾客要求的能力和程度体现在标准的要求之中。

二、2000 版 ISO9000 族标准的核心标准

2000 年 12 月 15 日，2000 版的 ISO9000 族标准正式发布实施，其核心标准共有四个：①ISO9000：2000 质量管理体系——基础和术语；②ISO9001：2000 质量管理体系——要求；③ISO9004：2000 质量管理体系——业绩改进指南；④ISO19011：2000 质量和环境管理体系审核指南。

1. ISO9000：2000

本标准规定了质量管理体系的术语和基本原理，术语共 10 个部分 87 个词条，提出的 8 项质量管理原则，是在总结了质量管理经验的基础上，明确了一个组织在实施质量管理中必须遵循的原则，也是 2000 版 9000 族标准制定的指导思想和理论基础。ISO9000 标准起着确定理论基础、统一技术概念和明确指导思想的作用，具有很重要的地位。8 项质量管理原则为：

（1）以顾客为中心。即理解顾客当前的和未来的需求，满足顾客要求并争取超越顾客期望。顾客是每一个组织存在的基础，顾客的要求是第一位的，组织应调查和研究顾客的需求和期望，并把它转化为质量要求，采取有效措施使其实现。

（2）领导作用。即最高管理者具有决策和领导一个组织的关键作用。

（3）全员参与。组织的质量管理不仅需要最高管理者的正确领导，还有赖于全员的参与。对职工既要进行质量意识、职业道德、以顾客为中心的意识和敬业精神的教育，还要激发他们的积极性和责任感。

（4）过程方法。将相关的资源和活动作为过程进行管理，可以更高效地得到期望的结果。2000 版 ISO9000 族标准建立了一个过程模式，它把管理职责；资源管理；产品实现；测量、分析和改进作为体系的四大主要过程，描述其相互关系、并以顾客要求为输入，提供给顾客的产品为输出，通过信息反馈来测定的顾客满意度，评价质量管理体系的业绩。

（5）管理的系统方法。针对设定的目标，识别、理解并管理一个由相互关联的过程所组成的体系，有助于提高组织的有效性和效率。此方法的实施可在三方面受益：一是提供对过程能力及产品可靠性的信任；二是为持续改进打好基础；三是使顾客满意，最终使组织获得成功。

（6）持续改进。这是组织的一个永恒的目标。在质量管理体系中，改进指产品质量、过程及体系有效性和效率的提高，持续改进包括：了解现状；建立目标；寻找、评价和实施解决办法；测量、验证和分析结果，把更改纳入文件等活动。

（7）基于事实的决策方法。对数据和信息的逻辑分析或直觉判断是有效决策的基础。以事实为依据做决策，可防止决策失误。

（8）互利的供方关系。通过互利的关系，增强组织及其供方创造价值的能力。供方提供的产品将对组织向顾客提供满意的产品产生重要影响，因此处理好与供方的关系，影响到组织能否持续稳定地提供顾客满意的产品。对供方不能只讲控制不讲合作互利，特别对关键供方，更要建立互利关系，这对组织和供方都有利。

2. ISO9001：2000

本标准取代了 1994 版三个质量保证标准（ISO9001：1994、ISO9002：1994 和 ISO9003：1994）。新版的质量管理体系要求，采用了"过程方式模型"。

ISO9001：2000《质量管理体系——要求》通常用于企业建立质量管理体系并申请认证之用。它主要通过对申请认证组织的质量管理体系提出各项要求来规范组织的质量管理体系。主要分为五大模块的要求，这五大模块分别是：质量管理体系、管理职责、资源管理、产品实现、测量分析和改进。

3. ISO9004：2000

本标准给出了质量管理的应用指南，描述了质量管理体系应包括的过程，强调通过改进过程，提高组织的业绩。ISO9004：2000 和 ISO9001：2000 是一对协调一致并可一起使用的质量管理体系标准，两个标准采用相同的原则，但应注意其适用范围不同，而且 ISO9004 标准不作为 ISO9001 标准的实施指南。通常情况下，当组织的管理者希望超越 ISO9001 标准的最低要求，追求增长的业绩改进时，往往以 ISO9004 标准作为指南。

4. ISO19011：2000

本标准在术语和内容方面，兼容了质量管理体系和环境管理体系两方面特点。本标准为审核基本原则、审核大纲的管理、环境和质量管理体系的实施以及对环境和质量管理体系评审员资格要求提供了指南。

三、质量认证

质量认证分为产品质量认证和质量体系认证两种，是第三方依据程序对产品、过程或服务符合规定的要求给予的书面保证。

1. 产品质量认证

产品通过质量认证，可使产品具有较高的信誉和可靠的质量保证，提高产品的竞争能力，认证合格的产品发认证证书及可使用的认证标志，认证标志可分为方圆标志、长城标志和 PRC 标志，产品认证标志可印在包装上或产品上。

2. 质量体系认证

由于工程项目具有单项性，不能以单个工程项目作为质量认证，因而只能对施工企业的质量体系进行认证。

质量体系认证是第三方机构（经国家技术监督局质量体系认可委员会认可的质量体系认证机构）根据有关的质量保证模式标准，对承包方的质量体系进行评定和注册的活动。

质量体系认证的对象不是工程实体而是企业质量体系；认证的依据是质量保证模式标

准而不是工程质量标准；认证的结论是证明施工企业质量体系是否符合标准，是否有保证工程质量的能力，而不能确保工程实体全部符合技术标准；认证合格的标志只能用于宣传，不得用于工程实体。

质量体系认证是第三方对施工企业进行外部质量体系进行公正的审核。质量体系认证的程序是：首先，企业根据自身发展的需要，向有关专家咨询后，向认证机构提出认证申请，并提交相应的申请资料；认证机构对企业提交的申请资料进行审查；审查合格后，双方签订合同书；认证机构对申请企业进行质量体系的文件审核后，由认证机构颁发认证证书，并进行监督检查。

企业质量体系认证，可促使企业认真按 GB/T19000 族标准去建立、健全质量体系，提高企业的质量管理水平，保证工程项目质量。企业通过质量体系认证，可提高企业的信誉和竞争能力，有利于保护发包人和承包人双方利益，加快双方的经济技术合作。在国际工程的招标中，要求经过 ISO9000 标准认证已是惯用作法。企业只有领到评审合格证书，才有资格参加投标，才能打入国际市场，参与国际竞争。

第三节　施工阶段质量控制

一、质量控制依据

对于施工阶段质量管理及质量控制的依据，大体上可分为两类，即共同性依据及专门技术法规性依据。

共同性依据是指那些适用于工程项目施工阶段与质量控制有关的，具有普遍指导意义和必须遵守的基本文件。主要有工程承包合同文件；设计文件；国家和行业现行的有关质量管理方面的法律、法规文件。

工程承包合同中分别规定了参与施工建设的各方在质量控制方面的权利和义务，有关各方都必须各自在合同中签订承诺，并以此对工程质量进行监督和控制。当发生质量纠纷时以此予以解决。

已批准的设计文件、施工图及相应的设计变更与修改文件，是监理单位进行质量控制的依据。要把施工图审查与洽商设计变更，形成制度，以保证设计的完善和实施的正确性。

有关质量检验与控制的专门技术法规性依据是指针对不同行业、不同的质量控制对象而制定的技术法规性的文件，主要包括以下依据：

（1）已批准的施工组织设计。它是承包单位进行施工准备和指导现场施工的规划性、指导性文件，详细规定了工程施工的现场布置，人员设备的配置，作业要求，施工工序和工艺，技术保证措施，质量检查方法和技术标准等，是监理单位进行质量控制的重要依据。

（2）合同中引用的国家和行业的现行施工操作技术规范、施工工艺规程及验收规范。它是维护正常施工的准则，与工程质量密切相关，必须严格遵守执行。

（3）合同中引用的有关原材料、半成品、配件方面的质量依据。如水泥、钢材、骨料等有关产品技术标准；水泥、骨料、钢材等有关检验、取样、方法的技术标准；有关材料验收、包装、标志的技术标准。

（4）制造厂提供的设备安装说明书和有关技术标准。这是施工安装承包人进行设备安装必须遵循的重要技术文件，也是监理单位进行检查和控制质量的依据。

二、监理人员质量控制的主要工作和任务

工程质量很大程度上取决于施工阶段的项目质量控制，通过建立健全有效的质量监督工作体系，使工程质量达到合同规定的标准和等级要求。按工程质量形成的时间阶段划分，施工项目质量控制可分为施工前准备阶段的质量控制（事前控制）、施工过程中的质量控制（事中控制）、质量的事后控制（事后控制）。

（一）施工准备阶段的质量控制

在施工准备阶段，监理人员应对承包人的准备工作进行全面的检查及控制。

1. 对施工队伍及人员质量的控制

监理人员开工前应审查承包人的施工队伍及人员的技术资质与条件是否符合要求，经审查认可后，方可上岗施工。不符合的人员，监理人有权要求撤换，或经过培训合格后，经监理人认可后可执行上岗。审查的重点一般是施工组织者、管理者以及特殊专业工种和关键的施工工艺、技术、材料等方面的操作者的能力素质。

2. 对原材料、半成品、设备器材等的质量控制

凡运到施工现场的原材料、半成品、设备器材，应有产品出厂合格证及技术说明书，施工单位应按规定及时进行检查、验收，向监理人员提交检验或试验报告，经监理人员审查并确认合格后，方准进场。对于大型设备应由厂方进行组装、调整和试验，经其自检合格后，再由项目法人复检，复检合格后方予以验收。对于进口产品，应会同国家商检部门进行。

对于需在工地存放的材料设备，监理人员应根据产品的特点、特性及对防潮、防晒、防锈、防腐蚀、通风、隔热以及温度、湿度等方面的要求，对储存地点的存放条件及环境进行确认。在水利工程中，尤其应注意那些用量大、对工程质量影响大的材料，如水泥、钢材等。

3. 对施工方案、方法和工艺的控制

审查承包人提交的施工组织设计或施工计划，以及施工质量保证措施。主要审查组织体系及质量管理体系是否健全；施工总体布置是否符合规定，是否能保证施工顺利进行，是否有利于保证质量，是否满足施工导流及防洪要求；认真审查工程地质特征及场区环境状况以及可能在施工中对质量安全带来的不利影响；审核基础工程、主体工程、设备安装工程、施工导流工程的施工组织设计措施，是否具有针对性及可靠性，是否有预防措施，能否保证工程质量；审核施工单位提交的施工计划及施工方案、检查施工程序、施工方法是否合理可行，施工机械设备及人员配备与组织能否满足质量及进度的需要。

4. 工程施工测量放样的质量控制

工程施工测量放样是工程建设由设计转化为实物的第一步，施工测量质量的好坏直接影响工程的最终质量及相关工序的质量。因而监理人员应要求承包人，对于给定的原始基准点、基准线和参考高程控制点进行复核，经审核批准后，承包人方能据以进行准确的测量放线。同时，复测施工测量控制网抽查水工建筑物方格网，控制高程的水准网点以及标

桩埋设位置等。

5. 建立监理人员的质量监控体系

为保证工程质量目标的顺利实现，还应建立完善的监理人员质量监控体系，做好监控工作，使之适应施工项目质量监控的需要。例如，针对分部、分项工程的施工特点拟定监理细则，配备仪器设备并使之处于良好的可用状态，保证有关监控质量，特别是隐藏工程质量。

6. 组织设计交底与图纸审核

设计图纸是监理单位、设计单位和施工单位进行质量控制的重要依据。为使施工单位尽快熟悉图纸，同时也为了在施工前及时发现和减少图纸的错误，开工前，由监理工程师组织施工单位和设计单位代表参加设计交底。首先，由设计单位介绍设计意图、结构特点、施工及工艺要求，技术措施和有关注意事项等关键问题。如有关地形地貌、水文气象、工程地质条件，施工图设计依据、设计图纸、设计特点、采用的设计规范、设计思想、设计方案比较、施工进度与工期安排等内容。然后由施工单位提出图纸中存在的问题和疑点以及需要解决的技术难题。通过三方研究商讨后，拟定出解决的方法，并写出会议纪要，以作为对设计图纸的补充。

此外，监理工程师应对施工图纸进行审查，主要审查施工图纸设计者资格及图纸审核手续是否符合规定要求，是否经设计单位正式签署；图纸与说明书是否齐全，是否符合监理大纲提出的要求；图纸中有无矛盾之处，表示方法是否清楚和符合标准；地质及水文地质等基础资料是否充分、可靠；所需材料来源有无保证，能否替代；所提出的施工工艺、方法是否切合实际，能否满足质量要求，是否便于施工；施工图或说明书中所涉及的各种标准、图册、规范、规程等，施工单位是否具备。

7. 做好施工场地及道路条件的保证

为保证施工单位能尽早进入施工现场，监理工程师应使项目法人按照施工单位施工的需要，及时提供所需的场地和施工通道以及水、电供应等条件，以保证及时开工，否则应承担补偿承包人工期和费用损失的责任。为此，监理工程师应事先检查施工场地征用、居民占地设施或堆放物的迁移是否实现，以及道路和水、电、通信线路是否开通，否则，应敦促项目法人努力实现。

当施工现场的各项准备工作经监理工程师检查合格后，即发布书面的开工指令。

（二）施工过程中的质量控制

首先，对施工单位的质量控制自检系统进行监督，使其能在质量管理中始终发挥良好作用。如在施工中发现不能胜任的质量控制人员，可要求承包人予以撤换；当其组织不完善时应促使其改进完善。

监督与协助承包人完善工序质量控制。由于工程实体质量是在施工过程中形成的，而不是最后检验出来的。施工过程是由一系列相互联系和制约的工序构成的，工序是人员、材料、机械设备、施工方法和环境等因素对工程质量综合作用的过程，所以对施工过程的质量监控，必须以工序质量控制为基础和核心，落实在各项工序的质量监控上，设置质量控制点，严格质量监控。

1. 工序质量监控的内容

工序质量控制主要包括工序活动条件的监控和对工序活动效果的监控。

(1) 工序活动条件的监控。所谓工序活动条件监控就是指对影响工程生产因素进行控制。工序活动条件的控制是工序质量控制的手段。尽管在开工前对生产活动条件已进行了初步控制，但在工序活动中有的条件还会发生变化，使其基本性能达不到检验指标，这正是生产过程产生质量不稳定的重要原因。因此，只有对工序活动条件进行控制，才能达到工程或产品的质量性能特性指标的控制。工序活动条件包括的因素较多，要通过分析，分清影响工序质量的主要因素，抓住主要矛盾，逐渐予以调节，以达到质量控制的目的。

(2) 工序活动效果的监控。主要反映在对工序产品质量性能的特征指标的控制上。通过对工序活动的产品采取一定的检测手段进行检验，根据检验结果分析、判断该工序活动的质量效果，从而实现对工序质量的控制，其步骤如下：首先是工序活动前的控制，主要要求人、材料、机械、方法或工艺、环境能满足要求；采用必要的手段和工具，对抽出的工序子样进行质量检验；应用质量统计分析工具（如直方图、控制图、排列图等）对检验所得的数据进行分析，找出这些质量数据所遵循的规律。根据质量数据分布规律的结果，判断质量是否正常；若出现异常情况，寻找原因，找出影响工序质量的因素，尤其是那些主要因素，采取对策和措施进行调整；再重复前面的步骤，检查调整效果，直到满足要求为止，这样便可达到控制工序质量的目的。

2. 工序质量监控实施要点

监理人员对工序活动质量监控时，首先应确定质量控制计划，它是以完善的质量监控体系和质量检查制度为基础。一方面工序质量控制计划要明确规定质量监控的工作程序、流程和质量检查制度，另一方面需进行工序分析，在影响工序质量的因素中，找出对工序质量产生影响的重要因素，进行主动的、预防性的重点控制。例如，在振捣混凝土这一工序中，振捣的插点和振捣时间是影响质量的主要因素，监理人员应加强现场监督并要求施工单位严格控制。

监理人员和承包人在整个施工活动中，应采取连续地动态跟踪控制，通过对工序产品的抽样检验，判定其产品质量波动状态，若工序活动处于异常状态，则应查出影响质量的原因，采取措施排除系统性因素的干扰，使工序活动恢复到正常状态，从而保证工序活动及其产品质量。此外，为确保工程质量应在工序活动过程中设置控制点，进行预控。

3. 质量控制点的设置

质量控制点的设置是进行工序质量预防控制的有效措施。质量控制点是指为保证工程质量而必须控制的重点工序、关键部位、薄弱环节。监理人应督促承包人在施工前，全面、合理地选择质量控制点，并对承包人设置质量控制点的情况及拟采取的控制措施进行审核。必要时，应对承包人的质量控制实施过程进行跟踪检查或旁站监督，以确保质量控制点的施工质量。

设置质量控制点的对象，主要有以下几方面：

(1) 关键的分项工程。如大体积混凝土工程；土石坝工程的坝体填筑；隧洞开挖工程等。

(2) 关键的工程部位。如混凝土面板堆石坝面板趾板及周边缝的接缝；土基上水闸的地基基础；预制框架结构的梁板节点；关键设备的设备基础等。

（3）薄弱环节。指经常发生或容易发生质量问题的环节；或承包人无法把握的环节；或采用新工艺（材料）施工环节等。

（4）关键工序。如钢筋混凝土工程的混凝土振捣；灌注桩钻孔；隧洞开挖的钻孔布置、方向、深度、用药量和填塞等。

（5）关键工序的关键质量特性。如混凝土的强度、耐久性；土石坝的干容重、粘性土含水率等。

（6）关键质量特性的关键因素。如冬季混凝土强度的关键因素是环境（养护温度）；支模的关键因素是支撑方法；泵送混凝土输送质量的关键因素是机械；墙体垂直度的关键因素是人等。

控制点的设置应准确有效，因此究竟选择哪些作为控制点，需要由有经验的质量控制人员进行选择。一般可根据工程性质和特点来确定，表9-1列举出某些分部分项工程的质量控制点，可供参考。

表 9-1　　　　　　　　　　　质量控制点的设备位置

分部分项工程		质 量 控 制 点
建筑物定位		标准轴线桩、定位轴线、标高
地基开挖及清理		开挖部位的位置、轮廓尺寸、标高；岩石地基钻爆过程中的钻孔、装药量、起爆方式；开挖清理后的建基面；断层、破碎带、软弱夹层、岩熔的处理；渗水的处理
基础处理	基础灌浆帷幕灌浆	造孔工艺、孔位、孔深、孔斜；岩芯获得率；洗孔及压水情况；灌浆情况；灌浆压力、结束标准、封孔
	基础排水	造孔、洗孔工艺；孔口、孔口设施的安装工艺
	锚桩孔	造孔工艺、锚桩材料质量、规格、焊接；孔内回填
混凝土生产	砂石料生产	毛料开采、筛分、运输、堆存；砂石料质量（杂质含量、细度模数、超逊径、级配）、含水率、骨料降温措施
	混凝土拌和	原材料的品种、配合比、称量精度；混凝土拌和时间、温度均匀性；拌物的坍落度；温控措施（骨料冷却、加冰、加冰水）、外加剂比例
混凝土浇筑	建基面清理	岩基面清理（冲洗、积水处理）
	模板、预埋件	位置、尺寸、标高、平整性、稳定性、刚度、内部清理；预埋件型号、规格、埋设位置、安装稳定性、保护措施
	钢筋	钢筋品种、规格、尺寸、搭接长度、钢筋焊接、根数、位置
	浇筑	浇筑层厚度、平仓、振捣、浇筑间歇时间、积水和泌水情况、埋设件保护、混凝土养护、混凝土表面平整度、麻面、蜂窝、露筋、裂缝、混凝土密实性、强度
土石料填筑	土石料	土料的粘粒含量、含水率、砾质土的粗粒含量、最大粒径、石料的粒径、级配、坚硬度、抗冻性
	土料填筑	防渗体与岩石面或混凝土面的结合处理、防渗体与砾质土、粘土地基的结合处理、填筑体的位置、轮廓尺寸、铺土厚度、铺填边线、土层接面处理、土料碾压、压实干密度
	石料砌筑	砌筑体位置、轮廓尺寸、石块重量、尺寸、表面顺直度、砌筑工艺、砌体密实度、砂浆配比、强度
	砌石护坡	石块尺寸、强度、抗冻性、砌石厚度、砌筑方法、砌石孔隙率、垫层级配、厚度、孔隙率

4. 见证点、停止点的概念

在实际工程实施控制中，通常是由承包人在分项工程施工前制定施工计划时，就选定设置质量控制点，并在相应的质量计划中进一步明确哪些是见证点，哪些是停止点。所谓"见证点"和"停止点"是国际上对于重要程度不同及监督控制要求不同的质量控制对象的一种区分方式。见证点监督也称为 W 点监督。凡是被列为见证点的质量控制对象，在规定的控制点施工前，施工单位应提前 24h 通知监理人员在约定的时间内到现场进行见证并实施监督。如监理人员未按约定到场，施工单位有权对该点进行相应的操作和施工。停止点也称为待检点或 H 点，它的重要性高于见证点，是针对那些由于施工过程或工序施工质量不易或不能通过其后的检验和试验而充分得到论证的"特殊过程"或"特殊工序"而言。凡被列入停止点的控制点，要求必须在该控制点来临之前 24h 通知监理人员到场实验监控，如监理人员未能在约定时间内到达现场，施工单位应停止该控制点的施工，并按合同规定等待监理方，未经认可不能超过该点继续施工，如水闸闸墩混凝土结构在钢筋架立后，混凝土浇筑之前，可设置停止点。

在施工过程中，加强旁站和现场巡查的监督检查；严格实施隐蔽式工程工序间交接检查验收、工程施工预检等检查监督；严格执行对成品保护的质量检查。只有这样才能及早发现问题，及时纠正，防患于未然，确保工程质量，避免导致工程质量事故。

监理工程师为了对施工期间的各分部、分项工程的各工序质量实施严密、细致和有效的监督、控制，应认真仔细地填写跟踪档案，即施工和安装记录。

（三）施工阶段的事后控制

对施工过程中已完成的产品质量的控制，是围绕工程验收和工程质量评定为中心进行的。

对于施工过程完成的分部、分项工程进行的中间验收，首先由承包人进行自检，确认合格后，再向监理人提交"中期交工证书"，请求监理人予以检查、确认，监理人按合同文件要求，根据施工图纸及有关文件、规范、标准等，从产品外观、几何尺寸及内在质量等方面进行审核验收，如质量符合要求，则签发"中间交工证书"。如质量存有缺陷，则指令施工单位整改，待质量符合要求后再给予验收。另外，在进行中间验收的同时，还应根据工程性质，按照《水利水电工程质量等级评定标准》，要求施工单位进行分部、分项工程质量的评定，以供核查。

设备安装经验收合格后，监理人还必须组织有关各方进行联运试车或设备试运转。对设备系统的配套投产，正常运转情况进行检验考核，使所有生产工艺设备按设计要求达到正常的安全运行。同时，还可以发现和消除设备故障，改善施工中的缺陷。

在单位工程或整个工程项目完成后，施工单位在竣工自检合格后，向监理人提交竣工验收所需文件资料、竣工图纸，并提出竣工验收申请。监理人在收到竣工验收申请后，应认真审查承包人提交的竣工验收文件资料的完整性及准确性，同时，根据提交的竣工图，与已完工程有关技术文件对照进行核查。另外，监理人须参与拟验收工程项目的现场初验，如有问题须指令施工单位处理。当拟验收项目初验合格后，上报项目法人，并组织项目法人、承包人、设计单位和政府质量监督部门进行正式竣工验收，及进行单位或单项工程的质量等级评定工作。

三、监理人员的质量控制方法

监理人员在监理过程中的质量控制方法主要有：旁站检查、测量、试验等。

1. 旁站检查

旁站是指监理人员对重要工序（质量控制点）的施工进行的现场监督和检查，避免质量事故的发生。旁站是驻地监理人员的一种主要现场检查形式。根据工程施工难度及复杂性，可采用全过程旁站、部分时间旁站两种方式。对容易产生缺陷的部位，或产生了缺陷难以补救的部位，以及隐蔽工程，应加强旁站检查。

在旁站检查中，监理人员必须检查承包人在施工中所用的设备、材料及混合料是否符合已批准的文件要求，检查施工方案、施工工艺是否符合相应的技术规范。

2. 测量

测量是对建筑物的尺寸控制的重要手段。监理人员应对承包人的施工放样及高程控制进行核查，不合格者不准开工。对模板工程、已完工程的几何尺寸、高程、宽度、厚度、坡度等质量指标，按规定要求进行测量验收，不符合规定要求的需进行返工。承包人的测量记录，均要事先经监理人员审核签字后方可使用。

3. 试验

试验是监理人员确定各种材料和建筑物内在质量是否合格的重要方法。所有工程使用的材料，都必须事先经过材料试验，质量必须满足产品标准，并经监理人员检查批准后，方可使用。材料试验包括水源、粗骨料、沥青、土工织物等各种原材料，不同等级混凝土的配合比试验，外购材料及成品质量证明和必要的试验鉴定，仪器设备的校调试验，加工后的成品强度及耐用性检验，工程检验等。没有试验数据的工程不予验收。

四、质量控制的统计方法

利用质量数据和统计分析方法进行项目质量控制，是监理人控制工程质量的重要手段。通常通过收集和整理质量数据，进行统计分析比较，找出生产过程的质量规律，判断工程产品质量状况，发现存在的质量问题，找出引起质量问题的原因，并及时采取措施，预防和纠正质量事故，使工程质量处于受控状态。

（一）质量数据

质量数据是用以描述工程质量特征性能的数据。它是进行质量控制的基础，没有质量数据，就不可能有现代化的科学的质量控制。

1. 质量数据的类型

质量数据按其自身特征，可分为计量值数据和计数值数据；按其收集目的可分为控制性数据和验收性数据。

（1）计量值数据。计量值数据是可以连续取值的连续型数据。如长度、重量、面积、标高等质量特征，一般都是可以用量测工具或仪器等量测，一般都带有小数。

（2）计数值数据。计数值数据是不连续的离散型数据。如不合格品数、不合格的构件数等，这些反映质量状况的数据是不能用量测器具来度量的，采用计数的办法，只能出现 0、1、2 等非负数的整数。

（3）控制性数据。控制性数据一般是以工序作为研究对象，是为分析、预测施工过程是否处于稳定状态，而定期随机地抽样检验所获得的质量数据。

（4）验收性数据。验收性数据是以工程的最终实体内容为研究对象，以分析、判断其质量是否达到技术标准或用户的要求，而采取随机抽样检验而获取的质量数据。

2. 质量数据的波动及其原因

在工程施工过程中常可看到在相同的设备、原材料、工艺及操作人员条件下，生产的同一种产品的质量不同，反映在质量数据上，即具有波动性，其影响因素有偶然性因素和系统性因素两大类。偶然性因素引起的质量数据波动属于正常波动，偶然因素是无法或难以控制的因素，所造成的质量数据的波动量不大，没有倾向性，作用是随机的，工程质量只有偶然因素影响时，生产处于稳定状态。由系统因素造成的质量数据波动属于异常波动，系统因素是可控制、易消除的因素，这类因素不经常发生，但具有明显的倾向性，对工程质量的影响较大。

质量控制的目的就是要找出出现异常波动的原因，即系统性因素是什么，并加以排除，使质量只受随机性因素的影响。

3. 质量数据的收集

质量数据的收集总的要求应当是随机地抽样，即整批数据中每一个数据都有被抽到的同样机会。常用的方法有随机法、系统抽样法、二次抽样法和分层抽样法。

4. 样本数据特征

为了进行统计分析和运用特征数据对质量进行控制，经常要使用许多统计特征数据。统计特征数据主要有均值、中位数、极值、极差、标准偏差、变异系数，其中均值、中位数表示数据集中的位置；极差、标准偏差、变异系数表示数据的波动情况，即分散程度。

（二）质量控制的统计方法

1. 排列图法

排列图法也称主次因素排列图、巴雷特法。它是通过各种质量问题出现的频数，按大小次序排列，主要影响因素和次要影响因素就一目了然了。

排列图是由一条横坐标，两条纵坐标，几个矩形和一条曲线组成。左侧的纵坐标表示频数，即引起质量问题的各种因素出现的次数；横坐标表示引起质量问题的各种因素，按出现次数的大小，由左至右画长方形依次排列，其高度为频数；右侧的纵坐标表示累计频率，即表示横坐标所示的各种质量影响因素在整个影响因素频数中所占的比率。左、右侧两条纵坐标的高度相同，绘制时可从左侧纵坐标高度处引水平线交右侧纵坐标，使相交处为100%，并对右侧纵坐标进行等分即可。

排列图分析：累计频率在80%以下的叫 A 区，其所包含的因素是影响质量的主要因素。累计频率在80%～90%范围为 B 区，其所包含的因素是影响质量的一般因素。累计频率在90%～100%范围为 C 区，其所包含的因素是影响质量的次要因素。

例题见案例分析一。

2. 直方图法

直方图又叫质量分布图、矩形图，它是以横坐标表示质量特征值，以纵坐标表示频数或频率。该法是根据直方图分布形状与标准公差的对比，观察质量特征值是否都落在规定的范围内，以此可以判断生产过程是否正常。

3. 因果分析图法

因果分析图法又称特性要因图，也称为鱼刺图或树枝图。它是一种分析质量问题产生原因的有效工具，任何质量问题的产生，往往是多种原因造成的，且这些原因有大有小，一般可归为人、设备、材料、方法、环境等五大因素的影响。该方法可找出影响质量的关键因素，通过采取有效对策，从而达到控制质量的目的。

4. 控制图法

控制图也称管理图。它是对生产过程进行分析和控制的方法，并反映了生产工序随时间变化而发生质量变动的状态。排列图法、直方图法、因果分析图法等，都是通过收集某一段时间内的数据，进行事后分析，而控制图法则可动态地反映质量特性的变化，从而及时发现问题，采取相应措施，达到控制质量的目的。

第四节　案　例　分　析

案例一

背景材料

某工程建设项目在施工阶段的监理中，监理工程师对承包人的施工现场制作的钢筋混凝土预制板进行质量检查，抽查了 500 块预制板，发现其中存在以下问题（表 9-2）：

问题

（1）监理工程师宜选择哪种方法来分析存在的质量问题？

（2）影响质量的主要因素是什么？监理工程师应如何处理？

表 9-2　钢筋混凝土预制板质量问题

序　号	质量问题	数　量
1	蜂窝麻面	23
2	局部露筋	10
3	强度不足	4
4	横向裂缝	2
5	纵向裂缝	1
合计		40

参考答案

（1）针对本例题特点，监理工程师宜选择排列图方法进行分析。

（2）根据排列图法，找出影响质量的主要因素：

1）数据计算。

表 9-3　　钢筋混凝土预制板计算数据

序　号	质量问题	数　量	频　数	频率（%）
1	蜂窝麻面	23	23	57.5
2	局部露筋	10	33	82.5
3	强度不足	4	37	92.5
4	横向裂缝	2	39	97.5
5	纵向裂缝	1	40	100
合计		40		

2）绘出排列图（如图 9-1）。

3）分析：通过排列图的分析可以看出，主要的质量问题是钢筋混凝土预制板的表面出现蜂窝麻面和局部露筋问题，一般的质量问题是混凝土强度不足，次要因素是横向和纵向裂缝。

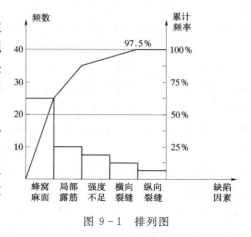

图 9-1 排列图

处理意见：监理工程师应要求承包人提出具体的质量改进方案，分析产生质量问题的原因，制定具体的措施提交监理工程师审查，经监理工程师审查确认后，由施工单位实施改进。执行过程中，监理工程师应严格监控。

案例二

背景材料

某监理单位与项目法人签订了某水闸施工阶段的监理合同，施工监理部设总监理工程师 1 人、专业监理工程师若干人。总监理工程师为使监理工作规范化，拟以工程建设条件、监理合同、施工合同、施工组织设计和各专业监理工程师编制的监理实施细则为依据，编制施工阶段监理规划。专业监理工程师例行在现场检查，旁站实施监理工作。在监理过程中，发现以下问题：

（1）软基处理时，由于流沙出现，施工难度大，施工单位未通报监理工程师就减少开挖深度 0.3m。

（2）水闸底板钢筋扎已检查、验收、签证，模板经预验收，浇筑混凝土过程中出现模板胀膜。

（3）中墩钢筋绑扎后，未经查验，即擅自合模封闭，正准备浇筑混凝土。

（4）在对金属加工检查时，发现有 3 名焊工未经技术资质审查认可，就进行弧型闸门的焊接工作。

（5）施工单位把地基防渗处理分包给专业灌浆单位承包施工，该分包单位未经资质验证，即进场施工，并已进行了 50m 灌浆施工。

（6）弧型门门槽经查符合设计要求，日后检查发现门槽方向反向，经检查施工符合设计图纸要求。

问题

（1）监理规划编制依据是否恰当？为什么？

（2）对于现场检查出现的问题，监理工程师应何处理？

参考答案

（1）不恰当之处有：监理规划编制依据中不应包括施工组织设计和监理实施细则。施工组织设计是由承包人编制指导施工的文件，而监理实施细则是根据监理规划编制的。

（2）软基处理时，施工单位应采取措施，继续开挖直到符合设计要求。

（3）指示水闸底板部位停止浇筑混凝土，检查胀膜原因，对模板采取加固措施，模板经检查认可后，方能继续施工，若停工时间超过终凝时间，应采取处理施工缝措施，待拆模后，剔除胀模部分混凝土，做好记录。

（4）指示停工，必须拆除封闭模板，使满足检查要求，审查自检记录，经隐检许可，通知复工。

（5）通知这 3 名电焊工立即停止操作，检查技术资质证明，审查许可后，可继续进行操作，若无技术资质证明，不得再进行电焊操作，并全部检查已完成的焊接质量。

（6）通知承包人，灌浆分包单位立即停工，检查完成部位，责成承包人报告分包资质资料。若审查合格许可，分包人可以进场施工，若审查资质不符合要求，分包人必须立即退场，对所完工程进行质量鉴定。

（7）汇报项目法人，与设计单位联系，要求变更设计，所造成的损失，应给予承包人补偿。

<h2 style="text-align:center">习　　题</h2>

单项选择题

1. （　　）是进行工程项目质量控制的基础。

A. 设计文件；B. 合同文件；C. 工程验收资料；D. 质量数据。

2. 工程项目的质量控制，包括项目法人方面的质量控制、承包人方面的质量控制和（　　）方面的质量控制。

A. 主管部门；B. 社会监理；C. 政府；D. 设计。

3. 监理人控制质量的目的是（　　）。

A. 维护项目法人的建设意图，保证投资的经济效益；B. 维护社会公共利益；C. 保证技术法规和标准的贯彻执行；D. 体现政府对工程项目的管理职能。

4. 在工程项目建设的施工阶段，每一项工程开始施工前，都必须在施工单位做好施工准备后，提出"开工申请单"，经（　　）审查，确认其施工准备达到了满意的程度并予以签署同意后，方可开始施工。

A. 项目法人；B. 质量监督站；C. 监理工程师；D. 政府主管部门。

5. 检查施工现场的测量标桩、建筑物的定位放线及高程水准点是属于（　　）质量控制。

A. 工序；B. 事前；C. 事中；D. 事后。

6. 施工阶段事前控制中，要对承包人的技术资质进行审查，此承包人是指（　　）。

A. 总承包人；B. 总承包人选定的分包人；C. 总承包人及分包人；D. 项目法人指定的分包人。

7. 施工阶段，在规定的关键工序施工前，施工单位应提前通知监理人员，在约定的时间内到现场进行见证和对其施工实施监督，若监理人员未如期到达，施工单位不得越过该关键部位进入下一道施工，这种关键部位称（　　）。

A. 停止点；B. 见证点；C. 预控点；D. 截留点。

8. （　　）是一种能进行动态生产过程质量控制的统计分析方法。

A. 直方图法；B. 控制图法；C. 排列图法；D. 因果分析图法。

9. 我国的 GB/T19000 系列标准是（　　）ISO9000 系列标准而颁布的。

A. 部分参照； B. 参照采用； C. 等同采用； D. 等效采用。

10. 从影响质量变异的因素看，施工过程中应严格控制（　　）因素。

A. 系统性； B. 偶然性； C. 一般性； D. 主要性。

第十章　水利工程建设合同管理

合同是指两个或两个以上当事人之间为实现一定的目的，明确权利、义务关系的协议。经济合同是平等民事主体的法人、其它经济组织、个体工商户、农村承包经济户相互之间为实现一定经济目的、明确相互权利义务关系的协议，也是当事人双方从自身经济利益出发，根据国家法律、法令、计划要求，遵照平等自愿、互利的原则，彼此协商所达成的有关经济活动内容的共同遵守的协议。水利工程施工合同是一种很普遍的经济合同，它是项目法人和施工承包人之间为完成特定的工程建设任务，需要规定双方的权利、义务、责任、风险而签订的契约。水利工程建设监理合同则是经济合同的一种特殊形式，它是利用集团的智力和技术密集型的特点，协助项目法人对工程项目施工合同进行管理，对施工合同的实施进行监督、控制、协调、服务，以实现合同目标。

在水利工程建设中，合同管理是项目管理的核心，合同管理的好坏不仅关系到工程项目能否顺利按时完成，而且也是工程投资、进度、质量控制的一项重要手段。

合同文件是合同管理的基本依据，采用通用性很强的示范合同，对规范当事人的签约行为，明确当事人的各种权利和义务，避免不公平条款，具有十分重要的意义。水利工程建设合同示范文本，是由水利部、国家电力公司及国家工商行政管理局联合制订的，是规范性、指导性合同文本格式，其针对水利工程建设中经常遇到的问题，按照法律法规要求，结合水利工程实际情况，吸收国际及其它行业合同文本的优点制定，主要条款齐全，符合公平原则和有关法律、行政法规和条款要求。

第一节　水利工程建设监理合同管理

监理单位受项目法人委托承担监理业务，应与项目法人签订工程建设监理合同，这是国际惯例，也是《水利工程建设监理规定》中明确的。工程建设监理合同的标的，是监理单位为项目法人提供的监理服务，依法成立的监理委托合同对双方都具有法律约束力。

一、建设监理合同的组成文件

在 GF—2000—0211《水利工程建设监理合同示范文本》中，建设监理合同的组成文件及解释顺序如下：

（1）监理委托函或中标函。

（2）监理合同书。

（3）监理实施过程中双方共同签署的补充文件。

（4）专用合同条款。

（5）通用合同条款。

（6）监理招标书（或委托书）。

（7）监理投标书（或监理大纲）。

上列合同文件为一整体，代替了合同书签署前双方签署的所有的协议、会谈记录以及有关相互承诺的一切文件。

凡列入中央和地方建设计划的大中型水利工程建设项目应使用监理合同示范文本，小型水利工程可参照使用。

二、《水利工程建设监理合同示范文本》的组成

工程建设监理合同是履行合同过程中双方当事人的行为准则。《水利工程建设监理合同示范文本》包括监理合同书、通用合同条款、专用合同条款和合同附件四个部分。

（一）监理合同书

监理合同书是发包人与监理人在平等的基础上协商一致后签署的，其主要内容是当事人双方确认的委托监理工程的概况，包括工程名称、工程地点、工程规模及特性、总投资、总工期；监理范围；监理内容；监理期限；监理报酬；合同签订、生效、完成时间；明确监理合同文件的组成及解释顺序。

（二）通用合同条款

通用合同条款适用于各个工程项目建设监理委托，是所有签约工程都应遵守的基本条件，通用合同条款应全文引用，条款内容不得更动。

通用合同条款内容涵盖了合同中所涉及的词语涵义、适用语言；适用法律、法规、规章和监理依据；通知和联系方式；签约双方的权利、义务和责任；合同生效、变更与终止；违约行为处理；监理报酬；争议的解决及其它一些情况。

（三）专用合同条款

由于通用合同条款适用于所有的工程建设监理委托，因此其中的某些条款规定得比较笼统。专用合同条款是各个工程项目根据自己的个性和所处的自然、社会环境，由项目法人和监理单位协调一致后进行填写，专用合同条款应当对应通用合同条款的顺序进行填写。

（四）合同附件

合同附件是供发包人和监理人签订合同时参考用的明确监理服务工作内容、工作深度的文件。它包括监理内容、监理机构应向发包人提供的信息和文件。监理内容应根据发包人的需要，参照合同附件，双方协商确定。

三、发包人与监理人的权利、义务和责任

（一）发包人的权利

1. 对总设计、总承包单位的选定权

发包人是工程建设投资行为的主体，要对投资效益全面负责，因此有选定工程总设计和总承包单位，以及与其订立合同的权力。

2. 授予监理人权限的权利

发包人委托监理人承担监理业务，监理人在发包人授权范围内，对其与第三方签订的各种承包合同的履行实施监理，因此在监理委托合同中需明确委托的监理任务及监理人的权限，监理人行使的权力不得超过合同规定范围。

3. 重大事项的决定权

（1）承包分配权。发包人一般是通过竞争方式选择监理人，并对其监理人员的素质和水平、监理规划、监理经验和监理业绩进行了全面审查，因此，监理人不得转让、分包监理业务。

（2）对监理人员的控制监督权。监理人更换总监理工程师须事前经发包人同意，发包人有权要求监理人更换不称职的监理人员，直到终止合同。

（3）对合同履行的监督权。发包人有权对监理机构和监理人员的监理工作进行检查，有权要求监理人提交监理月报及监理工作范围内的专题报告。

（4）工程重大事项的决定权。发包人有对工程设计变更的审批权，有对工程建设中质量、进度、投资方面的重大问题的最终决定权，有对工程款支付、结算的最终决定权。

（二）监理人的权利

1. 建议权

监理人有选择工程施工、设备和材料供应等单位的建议权；对工程实施中的重大技术问题有向设计单位提出建议的权力；协助发包人签订工程建设合同；有权要求承包人撤换不称职的现场施工和管理人员；必要时有权要求承包人增加和更换施工设备。

2. 确认权与否认权

监理人对承包人选择的分包项目和分包人有确认权与否认权；对工程实际竣工日期提前或延误期限的签认权；在工程承包合同约定的工程价格范围内，工程款支付的审核和签认权，以及结算工程款的复核确认权与否认权；审核承包人索赔的权利。

3. 主持权

监理人有组织协调工程建设有关各方关系的主持权；经事先征得发包人同意，发布开工令、停工令、返工令和复工令；有按照专用合同条款规定的金额范围内，设计变更现场的处置权。

4. 审批权

监理人有对工程建设实施设计文件的审核确认权，只有经监理机构审核确认并加盖公章的工程师图纸和设计文件，才能成为有效的施工依据；监理人有对工程施工组织设计、施工措施、施工计划和施工技术方案的审批权。

5. 检验、确认权

监理人有对全部工程的施工质量和工程上使用的材料、设备的检验权和确认权；有对全部工程的所有部位及其任何一项工艺、材料、构件和工程设备的检查、检验权。

6. 检查、监督权

监理人有对工程施工进度的检查、监督权；对安全生产和文明施工的监督权，有对承包人设计和施工的临时工程的审查和监督权。

（三）发包人的义务和责任

（1）负责工程建设所有外部关系的协调工作。

（2）按专用合同条款约定的时间、数量、方式，向监理机构提供开展监理业务所需要的有关工程建设的文件资料。

（3）在约定时间内就监理机构书面提交并要求做出决定的一切事宜做出书面决定。

（4）授权一名熟悉本工程情况、对工程建设中的一些重大问题能迅速做出决定的常驻代表，负责与监理机构联系，更换常驻代表时，应提前通知监理人。

（5）发包人应将总监理工程师和主要管理人员名单以及赋予监理机构的权限等内容，在工程开工前书面通知工程建设的承包人。

（6）发包人应向监理机构提供开展监理业务所必须的工作、生活条件，提供上述条件应在专用合同条款中明确。

（7）如双方约定，发包人免费向监理机构提供工作人员，应在专用合同条款中明确。

（8）发包人应当维护监理机构工作的独立性，不干涉监理机构监理业务的开展。

（9）如因非监理原因工期延误，发包人应增加监理报酬，并就服务期延长和增加监理报酬尽快签订补充协议。

（10）发包人应当履行监理合同约定的责任、义务，如有违约，应赔偿因违约给监理人造成的经济损失。

（四）监理人的义务和责任

（1）在专用合同条款约定的时间内，向发包人提交监理规划、监理机构以及委派的总监理工程师和主要监理人员名单、简历。

（2）按照专用合同条款约定的监理范围和内容，派出监理人员进驻施工现场，组建监理机构，编制监理细则，并正常有序地开展监理工作。

（3）换总监理工程师须经发包人同意。

（4）按照国家的有关规定，建立监理岗位责任制和工程质量终身负责制。

（5）在履行合同的义务期间，运用合理的技能提供优质服务，帮助发包人实现合同预定的目标，公正地维护各方的合法权益。

（6）现场监理人员应按照施工工作程序及时到位，对工程建设进行动态跟踪监理，工程的关键部位、关键工序应进行旁站监理。

（7）监理人员必须采取有效的手段，做好工程实施阶段各种信息的收集、整理和归档，并保证现场记录、试验、检验以及质量检查等资料的完整性和准确性。

（8）监理机构应认真做好《监理日记》，保持其及时性、完整性和连续性；应向发包人提交监理工作月度报告及监理业务范围内的专题报告。

（9）监理机构使用发包人提供的设施和物品属于发包人的财产。在监理工作完成或中止时，应按照专用合同条款的规定移交发包人。

（10）在同期内或合同终止后，未经发包人同意，不得泄露与该工程、合同业务活动有关的保密资料。

（11）如因监理人和监理人员违约或自身的过失造成工程质量问题或发包人的直接经济损失，监理人应按专用合同条款的规定承担相应的经济责任。

（12）监理人因不可抗力的原因导致不履行或不能全部履行合同时，监理人不承担责任。

（13）监理人对承包人因违约而造成的质量事故和完工（交图、交货、交工）时限的延期不承担责任。

（五）监理员应履行的职责

上述监理人的义务和责任中，细分出监理员应履行的职责如下：

（1）在监理工程师的指导下开展现场监理工作。

（2）检查承包人投入工程项目的人力、材料、主要设备及其使用、运行状况，并做好检查记录。

（3）复核或从施工现场直接获取工程计量的有关数据并签署原始凭证。

（4）按设计图及有关标准，对承包人的工艺过程或施工工序进行检查和记录，对加工制作及工序施工质量检查结果进行记录。

（5）担任旁站工作，发现问题及时指出并向监理工程师报告。

（6）做好监理日记和有关的监理记录。

四、监理报酬

工程建设监理是一种智力密集型的高智能服务，这种服务是有偿的。对于发包人来说，用适当的监理服务费获得专家高智能服务，保证工程顺利进行，取得较大投资效益，是一项非常经济的投资。由于我国各地区、各工程的实际情况不一样，监理报酬应根据委托监理业务的范围、深度和工程的性质、规模、难易程度以及工作条件等情况来确定。

（一）监理报酬的构成

监理报酬由监理工作中的直接、间接成本开支，及交纳的税金和合理的利润组成。直接成本是指监理单位履行某项具体任务中所发生的成本。间接成本又称日常管理费，它包括所允许的全部业务经营开支及非项目的特定开支。利润一般是监理单位的费用收入和经营成本（直接成本、间接成本及各种税金之和）之差。税金是指按照国家有关规定，监理单位所应交纳的各种税金总额。

（二）监理报酬的支付

正常的监理业务报酬，按照专用合同条款约定的方法计取，发包人按专用合同条款约定的期限、方式支付。

监理人根据发包人要求，完成额外监理工作应得到额外报酬，或因工期延长增加了监理人的工作应得到额外报酬。额外报酬应按监理补充协议或专用合同条款约定的方法计取，其支付方式、期限等应按正常监理报酬的规定进行。

如果发包人在约定的支付期限内未支付监理报酬，自规定支付之日起到实际支付之日止，还应支付滞纳金或利息。

发包人对监理人提交的监理报酬支付通知书中报酬项目有异议时，应在收到监理人支付通知书7天内向监理人发出异议通知，由双方协商解决。无异议，按通用合同条款约定支付。

（三）监理报酬的计算

我国现行监理报酬计算方式有四种，即国家物价局、建设部颁发的价费字479号文《关于发布工程建设监理费有关规定的通知》中规定：

（1）按所监理工程概（预）算的百分比计收。

（2）按照参与监理工作的年度平均人数计算：3.5万～5万元/（人年）。

（3）不宜按前两项办法计收的，由建设单位和监理单位按商定的其它方法计收。

（4）中外合资、合作、外商独资的建设工程，工程建设监理费由双方参照国际标准协商确定。

在以上各种计费方式中，按工程概（预）算的百分比计取是一种最常用的监理费计取方法。按照参与监理工作的年度平均人数计算收费的方法，主要用于单工种或临时性，或不宜按工程概（预）算的百分比计取监理费的监理项目。

《水利工程建设监理规定》第二十六条规定，监理费在工程概算中作为一级项目费用单独列支。

五、监理人对合同履行的管理

监理合同一经生效，监理人就要按合同规定行使权利，履行应尽义务。

（一）组建项目监理机构

监理机构是指监理人派驻工程项目现场直接承担监理业务实施的组织，由总监理工程师、监理工程师、监理员以及其他人员组成。监理人按专用合同条款约定派出专业配套、符合资格条件的监理人员进驻施工现场，正常有序地开展监理工作，完成合同约定的监理任务。发包人对工程项目实施的意见和决策，应通过监理机构下达实施；承包人应从监理机构取得工程建设的通知、指令、变更等各种工程实施命令。

（二）编制工程建设监理规划

由总监理工程师主持编制工程项目监理规划。

（三）编制工程建设监理细则

由专业监理工程师编制并经总监理工程师批准的监理实施细则，应符合监理规划的要求，并结合工程项目的专业特点，按工程建设计划进度，分专业进行编制，以指导工程项目投资、质量、进度的控制。

（四）开展监理工作

按照建设监理规划和监理细则实施建设监理。

（五）监理工作总结归档

建设监理业务完成后，监理机构提交工程建设监理工作报告和档案资料，包括二部分的内容。

1. 向项目法人提交的监理工作总结

向项目法人提交的监理工作总结主要包括：监理委托合同履行情况概述；监理任务或监理目标完成情况评价；表明监理工作终结的说明等；由项目法人提供的设备、设施清单。

2. 向监理单位提交的监理工作总结

向监理单位提交的监理工作总结主要包括：监理工作的经验，可以是采用某种监理技术、方法的经验；也可以是采用某种经济、组织措施的经验；签订监理委托合同方面的经验；以及如何处理好与项目法人、承包人关系的经验等。

第二节　水利工程施工合同管理

一、施工合同管理

（一）施工合同管理的概念

水利工程施工合同，是发包人与承包人为完成特定的工程项目，明确相互权利、义务关系的协议，它的标的是建设工程项目。按照合同规定，承包人应完成项目施工任务并取得利润，发包人应提供必要的施工条件并支付工程价款而得到工程。

施工合同管理是指水利建设主管机关、相应的金融机构，以及建设单位、监理单位、承包企业依照法律和行政法规、规章制度，采取法律的、行政的手段，对施工合同关系进行组织、指导、协调和监督，保护施工合同当事人的合法权益，处理施工合同纠纷，防止和制裁违法行为，保证施工合同法规的贯彻实施等一系列活动。施工合同管理的目的是约束双方遵守合同规则，避免双方责任的分歧以及不严格执行合同而造成的经济损失。施工合同管理的作用主要体现在：一是可以促使合同双方在相互平等、诚信的基础上依法签订切实可行的合同；二是有利于合同双方在合同执行过程中相互监督，确保合同顺利实施；三是合同中明确规定了双方具体的权利与义务，通过合同管理确保合同双方严格执行；四是通过合同管理，增强合同双方履行合同的自觉性，使合同双方自觉遵守法律规定，共同维护当事人双方的合法权益。

（二）监理人对施工合同的管理

1. 在工期管理方面

按合同规定，要求承包人提交施工总进度计划，并在规定的期限内批复，经批准的施工总进度计划（称合同进度计划），作为控制工程进度的依据，并据此要求承包人编制年、季和月进度计划，并加以审核；按照年、季和月进度计划进行实际检查；分析影响进度计划的因素，并加以解决；不论何种原因发生工程的实际进度与合同进度计划不符时，要求承包人提交一份修订的进度计划，并加以审核；确认竣工日期的延误等。

2. 在质量管理方面

检验工程使用的材料、设备质量；检验工程使用的半成品及构件质量；按合同规定的规范、规程，监督检验施工质量；按合同规定的程序，验收隐蔽工程和需要中间验收工程的质量；验收单项竣工工程和全部竣工工程的质量等。

3. 在费用管理方面

严格对合同约定的价款进行管理；对预付工程款的支付与扣还进行管理；对工程进行计量，对工程款的结算和支付进行管理；对变更价款进行管理；按约定对合同价款进行调整，办理竣工结算；对保留金进行管理等。

二、施工合同的分类与类型选择

（一）施工合同的分类

1. 总价合同

总价合同是发包人以一个总价将工程发包给承包人，当招标时有比较详细的设计图纸、说明书及能准确算出工程量时，可采取这种合同，总价合同又可分为以下三种：

（1）固定总价合同。合同双方以图纸和工程说明为依据，按商定的总价进行承包，除非发包人要求变更原定的承包内容，否则承包人不得要求变更总价。这种合同方式一般适用于工程规模较小，技术不太复杂，工期较短，且签订合同时已具备详细的设计文件的情况。对于承包人来说可能有物价上涨的风险，报价时因考虑这种风险，故报价一般较高。

（2）可调价总价合同。在投标报价及签订施工合同时，以设计图纸、《工程量清单》

及当时的价格计算签订总价合同。但合同条款中商定，如果通货膨胀引起工料成本增加时，合同总价应相应调整。这种合同发包人承担了物价上涨风险，这种计价方式适用于工期较长，通货膨胀率难以预测，现场条件较为简单的工程项目。

（3）固定工程量总价合同。承包人在投标时，按单价合同办法，分别填报分项工程单价，从而计算出总价，据之签订合同，完工后，如增加了工程量，则用合同中已确定的单价来计算新的工程量和调整总价，这种合同方式，要求《工程量清单》中的工程量比较准确。合同中的单价不是成品价，单价中不包括所有费用。

2. 单价合同

（1）估计工程量单价合同。承包人投标时，按工程量表中的估计工程量为基础，填入相应的单价为报价。合同总价是估计工程量乘单价，完工后，单价不变，工程量按实际工程量。这种合同形式适用于招标时难以准确确定工程量的工程项目，这里的单价是成品价与上面不同。

这种合同形式的优点是，可以减少招标准备工作；发包人按《工程量清单》开支工程款，减少了意外开支；能鼓励承包人节约成本；结算简单。缺点是对于某些不易计算工程量的项目或工程费应分摊在许多工程的复杂工程项目，这种合同易引起争议。

（2）纯单价合同。招标文件只向投标人给出各分项工程内的工作项目一览表，工程范围及必要的说明，而不提供工程量，承包人只要给出单价，将来按实际工程量计算。

3. 实际成本加酬金合同

实报实销加事先商定的酬金确定造价，这种合同适合于工程内容及技术经济指标未能完全确定，不能提出确切的费用而又急于开工的工程；或是工程内容可能有变更的新型工程；以及施工把握不大或质量要求很高，容易返工的工程。缺点是发包人难以对工程总造价进行控制，而承包人也难以精打细算节约成本，所以此种合同采用较少。

4. 混合合同

即以单价合同为主，以总价合同为辅，主体工程用固定单价，小型或临时工程用固定总价。

水利工程中由于工期长，常使用单价合同。在 FIDIC 条款中，是采取单位单价方式，即按各项工程的单价进行结算，它的特点是尽管工程项目变化，承包人总金额随之变化，但单位单价不变，整个工程施工及结算中，保持同一单价。

（二）施工合同类型的选择

水利工程项目选用哪种合同类型，应根据工程项目特点、技术经济指标、招标设计深度，以及确保工程成本、工期和质量的要求等因素综合考虑后决定。

1. 根据项目规模、工期及复杂程度

对于中小型水利工程一般可选用总价合同，对于规模大、工期长且技术复杂的大中型工程项目，由于施工过程中可能遇到的不确定因素较多，通常采用单价合同承包。

2. 根据工程设计明确程度

对于施工图设计完成后进行招标的中小型工程，可以采用总价合同。对于建设周期长的大型复杂工程，往往初步设计完成后就开始施工招标，由于招标文件中的工作内容详细程度不够，投标人据以报价的工程量为预计量值，一般应采用单价合同。

3. 根据采用先进施工技术的情况

如果发包的工作内容属于采用没有可遵循规范、标准和定额的新技术或新工艺施工，较为保险的作法是采用成本加酬金合同。

4. 根据施工要求的紧迫程度

某些紧急工程，特别是灾后修复工程，要求尽快开工且工期较紧。此时可能仅有实施方案，还没有设计图纸。由于不可能让承包人合理地报出承包价格，只能采用成本加酬金合同。

三、施工合同文件的组成

施工合同文件是施工合同管理的依据，根据 GF—2000—0208《水利水电土建工程施工合同条件》（示范文本），它由如下部分组成：

（1）协议书（包括补充协议）。

（2）中标通知书。

（3）投标报价书。

（4）专用合同条款。

（5）通用合同条款。

（6）技术条款。

（7）图纸。

（8）已标价的《工程量清单》。

（9）经双方确认进入合同的其他文件。

组成合同的各项文件应互相解释，互为说明。当合同文件出现含糊不清或不一致时，由监理人做出解释。除合同另有规定外，解释合同文件的优先顺序规定在专用合同条款内。

施工合同示范文本分通用合同条款和专用合同条款两部分，通用合同条款共计 60 条，内容涵盖了合同中所涉及的词语涵义、合同文件、双方的一般义务和责任、履约担保、监理人和总监理工程师、联络、图纸、转让和分包、承包人的人员及其管理、材料和设备、交通运输、工程进度、工程质量、文明施工、计量与支付、价格调整、变更、违约和索赔、争议的解决、风险和保险、完工与保修等，一般应全文引用，不得更动；专用合同条款应按其条款编号和内容，根据工程实际情况进行修改和补充。凡列入中央和地方建设计划的大中型水利水电土建工程应使用施工合同示范文本，小型水利水电土建工程可参照使用。

四、合同当事人双方的一般责任

（一）发包人的一般义务和责任

（1）遵守有关的法律、法规和规章。

（2）委托监理人按合同规定的日期前向承包人发布开工通知。

（3）在开工通知发出前安排监理人及时进点实施监理。

（4）按时向承包人提供施工用地、施工准备工程等。

（5）按有关规定，委托监理人向承包人提供现场测量基准点、基准线和水准点及其有关资料。

（6）按合同规定负责办理由发包人投保的保险。

（7）提供已有的与合同工程有关的水文和地质勘探资料。

（8）委托监理人在合同规定的期限内向承包人提供应由发包人负责提供的图纸。

（9）按规定支付合同价款。

（10）为承包人实现文明施工目标创造必要的条件。

（11）按有关规定履行其治安保卫和施工安全职责。

（12）按有关规定采取环境保护措施。

（13）按有关规定主持和组织工程的完工验收。

（14）应承担专用合同条款中规定的其它一般义务和责任。

（二）承包人的一般义务和责任

（1）遵守有关法律、法规和规章。

（2）按规定向发包人提交履约担保证件。

（3）在接到开工通知后，及时调遣人员和调配施工设备、材料进入工地，按施工总进度要求，完成施工准备工作。

（4）执行监理人的指示，按时完成各项承包工作。

（5）按合同规定的内容和时间要求，编制施工组织设计、施工措施计划和由承包人负责的施工图纸，报送监理人审批，并对现场作业和施工方法的完备和可靠负全部责任。

（6）按合同规定负责办理由承包人投保的保险。

（7）按国家有关规定文明施工。

（8）严格按施工图纸和《技术条款》中规定的质量要求完成各项工作。

（9）按有关规定认真采取施工安全措施，确保工程和由其管辖的人员、材料、设施和设备的安全，并应采取有效措施防止工地附近建筑物和居民的生命财产遭受损害。

（10）遵守环境保护的法律、法规和规章。

（11）避免施工对公众利益的损害。

（12）按监理人的指示为其它人在工地或附近实施与工程有关的其它各项工作提供必要的条件。

（13）工程未移交发包人前，承包人应负责照管和维护，移交后承包人应承担保修期内的缺陷修复工作。若工程移交证书颁发时尚有部分未完工程需在保修期内继续完成，则承包人还应负责该未完工程的照管和维护工作，直至完工后移交给发包人为止。

（14）在合同规定的期限内完成工地清理并按期撤退其人员、施工设备和剩余材料。

（15）承担专用合同条款中规定的其它一般义务和责任。

第三节　FIDIC 合同条件简介

一、FIDIC 简介

FIDIC 是指国际咨询工程师联合会（Federation Internationale des Ingenieurs Conseils）。它是由该联合会的五个法文词首组成的缩写词。国际咨询工程师联合会是国际上最具有权威性的咨询工程师组织，为规范国际工程咨询和承包活动，该组织编制了许多标准合同条件，其中 1957 年首次出版的 FIDIC 土木工程施工合同条件在工程界影响最大，专门用于国际工程项目，但在第 4 版时删去了文件标题中的"国际"一词，使 FIDIC 合同条件不仅适用于国际招标工程，只要把专用条件稍加修改，也同样适用于国内招标合同。采用这种标准的合同格式有明显的优点，能合理平衡有关各方之间的要求和利益，尤其能公平地在合同各方之间分配风险和责任。

二、FIDIC 合同文件的组成

FIDIC 土木工程施工合同条件，由"通用条件"和"专用条件"两部分以及一套标准格式组成：

（1）合同协议书；

（2）中标函；

（3）投标书；

（4）专用条件；

（5）通用条件；

（6）构成合同一部分的任何其它文件。

"构成合同一部分的任何其它文件"包括规范、图纸、标价的工程量表等。构成合同的这些文件互相补充、互相说明。如果合同文件出现矛盾和歧义时，应由监理工程师进行解释，解释的原则是，前面序号的文件优先于后面序号的文件。

三、FIDIC 合同条件的应用

FIDIC 合同条件适用于一般的土木工程，其中包括水利工程、工业与民用建筑工程、道桥工程、港口工程等。在土木工程施工中应用 FIDIC 合同条件应具备以下几点：

（1）通过竞争性招标确定承包人。

（2）委托监理工程师对工程施工进行监理。

（3）适用于单价合同。

第四节　案　例　分　析

案 例 一

◣ 背景材料

某工程合同价为 2500 万元，工期 2 年，项目法人委托 A 监理公司实施施工阶段的监理，并与施工单位签订了施工合同。

1. 签订的监理委托合同中有如下内容

（1）监理单位是本工程的最高管理者。

（2）监理单位应维护项目法人的利益。

（3）项目法人单位与监理单位实行合作监理，即项目法人单位具有监理工程师资格的人参与监理工作。

（4）项目法人单位参与监理的人员同时作为项目法人代表，负责与监理单位联系。

（5）上述项目法人代表可以向承包人下达指令。

（6）监理单位仅进行质量控制，而进度与投资控制则由项目法人行使。

（7）由于监理单位的努力，使合同工期提前的，监理单位与项目法人分享利益。

2. 项目法人与承包人签订的施工合同中有如下内容

（1）承包人应根据建设监理合同接受监理。

（2）承包人努力使工期提前的，按提前产生利润的一定比例提成。

? 问题

（1）监理合同中有何不妥之处？为什么？

（2）施工合同中有何不妥之处？为什么？

参考答案

1. 监理合同不妥之处

（1）监理单位虽然是受项目法人委托就工程的实施对承包人进行全面的监督、管理，但是对某些重大问题还必须项目法人做出决定，因此监理单位不是也不可能是工程惟一的最高管理者。

（2）监理单位应作为公正的第三方，以批准的项目建设文件，有关的法律、法规以及监理合同和工程建设合同为依据进行监理。因此，它应站在公正立场上行使自己的处理权，要维护项目法人和被监理单位双方合法权益。

（3）项目法人单位具有监理工程师资格的人参与监理工作是可行的，但不能称之为合作监理，合作监理是指监理单位之间的合作。

（4）上述项目法人单位参与监理的人，工作时不能作为项目法人代表，只能以监理单位名义和人员进行监理活动。

（5）项目法人代表不可以直接向承包人下达指令，而必须通过监理人下达。

（6）监理的三大控制目标是相互联系的，只控制一个目标是不切合实际的。

（7）监理单位努力使规定的工期提前，项目法人应按约定给予奖励，但不是利润比例分成。

2. 施工合同不妥之处

（1）承包人应依据施工合同的规定接受监理，而不是按监理合同的规定。

（2）承包人使工期提前，可按合同规定得到奖励，但不是按利润比例分成。

案例二

背景材料

某工程项目法人委托一监理单位进行施工阶段监理。监理单位在执行合同中遇到一些问题需要处理，若你作为监理工程师，对遇到的下列问题，请提出处理意见。

? 问题

（1）在施工招标文件中，按工期定额计算，工期为 550 天。但在施工合同中，开工日期为 1997 年 12 月 15 日，竣工日期为 1999 年 7 月 20 日，日历天数为 582 天，请问监理工程师的工期目标怎样确定？

（2）施工合同中规定，发包人向承包人提供图纸 7 套，承包人在施工中要求发包人再提供 3 套图纸，则施工图纸的费用应由谁来支付？

（3）在基础回填过程中，承包人已按规定取土样，试验合格。监理人对填土质量表示异议，责成总包单位再次取样复验，结果合格。承包人要求监理工程师支付试验费，对否？为什么？

参考答案

（1）按照合同文件的解释顺序，协议书与招标文件在内容上有矛盾时，应以专用合同条款的规定为准。

（2）合同规定发包人供应图纸7套，承包人再要3套图纸，超出合同规定，故增加的图纸费用应由承包人支付。

（3）不对。按规定，此项费用应由发包人支付。

习　　题

单项选择题

1. 在监理过程中，监理工程师发现施工单位工作不力，可提出（　　）的要求。

A. 更换有关人员；B. 终止施工合同；C. 停工整改；D. 向施工单位索赔。

2. 监理机构为执行监理任务所需的工程资料，应由（　　）。

A. 监理单位自费收集；B. 向发包人付费索取；C. 设计单位免费提供；D. 发包人免费提供。

3. 工程建设过程中需要与土地管理部门协调工作，应由（　　）办理。

A. 项目法人；B. 监理工程师；C. 承包人；D. 上级主管部门。

4. 工程建设监理招标的宗旨是对监理单位（　　）的选择。

A. 报价；B. 资历信誉；C. 能力；D. 规模和经济实力。

5. 项目法人在（　　）合同中承担了项目的全部风险。

A. 单价合同；B. 可调总价合同；C. 实际成本加酬金；D. 总价合同。

6. 在合理的时间向承包人提供施工图纸，是（　　）的义务。

A. 发包人；B. 监理人；C. 承包人；D. 设计单位。

7. 监理人履行职责要（　　）。

A. 接受行政指令；B. 行为公正；C. 站在发包人的立场上；D. 与发包人统一意见。

8. 建设监理业务完成后，监理机构应向（　　）提交工程建设监理档案资料。

A. 监理单位；B. 项目法人；C. 主管部门；D. 承包单位。

9. 工程总承包合同的当事人是指（　　）。

A. 建设单位和设计单位；B. 设计单位和施工单位；C. 建设单位和总承包单位；D. 施工单位和总承包单位。

10. 大型复杂的水利工程初步设计完成后即开始进行施工招标，所采用合同类型为（　　）。

A. 总价合同；B. 成本加酬金合同；C. 单价合同；D. 固定总价合同。

第十一章 施 工 索 赔

在工程建设项目实施过程中，索赔是一项经常性的工作，且涉及的费用可观，这主要是工程建设项目的复杂性所决定的。尤其是水利工程，项目投资大、工期长、技术复杂，地质条件的隐蔽性，气候条件的复杂多变及市场波动、国家法律、法规及有关政策的变动，使得发包人无法左右，可能引起承包人的索赔。

在国际承包工程中，索赔已成为许多承包人的经营策略之一。由于建筑市场竞争激烈，承包人为了取得工程，只能通过低报价高索赔来转移工程风险。另一方面，有的项目法人利用这种市场竞争，在合同文件中，增加了承包人的风险份额。承包人为避免亏损，通过加强索赔管理来维护自己的利益，所以现代工程中索赔业务越来越多，索赔是一门融工程技术和法律为一体的综合学问。

然而国际合同的索赔与国内合同的索赔内涵是不同的，国际惯例的索赔是正常的合同管理业务，而国内的补偿有索赔的含义，也有照顾性的内容，并不完全以合同为依据。

第一节 施 工 索 赔 的 概 念

一、施工索赔的概念

(一) 概念

索赔是一项公正的合同赋予合同双方的正当权利。在合同履行过程中，由于一方不履行或不完全履行合同义务而使另一方遭受损失时，受损方应有权提出赔偿要求。索赔的性质属于经济补偿行为，而不是惩罚。索赔的权力是对等的，承包人享有，分包人享有，发包人同样享有。对于承包人来说，索赔是实现合法权益的重要手段；对于发包人来说，避免或正确处理承包人的索赔是保证工程顺利进行、减少投资的一项重要措施；对于监理人来说，预防和正确处理索赔是监理科学性、公正性和权威性的体现。索赔能否成立及索赔量的大小，是衡量发包人、承包人经营管理水平的一个尺度，通过索赔可以使合同实施中的风险得到合理分配。在工程施工合同中，承包人向发包人提出补偿自己损失的要求称为施工索赔（包括经济索赔和工期索赔），而发包人向承包人提出的索赔称为反索赔。由于发包人有支付价款的主动权，一般无须经过繁琐的索赔程序，其遭受的损失可从定期支付给承包人的价款中扣除或从履约保函中兑取，因而，承包人向发包人提出的施工索赔是索赔管理的重点。

(二) 产生索赔的原因

在项目实施过程中常见的索赔，其原因大致可以从以下几方面进行分析。

1. 合同缺陷

合同缺陷是指合同条款内容不严谨，甚至有合同错误、遗漏或自相矛盾之处。合同缺陷不仅包括条款中的缺陷，也包括技术规程和图纸中的缺陷。例如，某工程图纸上所写混凝土楼板标号为 250 号混凝土，而工程量表上则为 200 号混凝土。工程价格是按工程量表计算的，如果按图纸方式实施就会导致成本增加。

2. 工程变更

工程变更是索赔的主要因素。由于水利工程的复杂性，工程变更是不可避免的，变更不一定是增加项目法人的投资，比如删除某项工作，可以减少费用，一些小的变更也是不允许索赔的，但变更大到影响了承包人的劳动力安排、机械设备的配置及施工方案的实施，索赔就不可避免。例如，某工程的一项挖方项目实际是 1500m³，而原工程量表打字错误为 150m³。经现场监理工程师确认，补偿 1500－150＝1350m³ 挖方量价款，关于这一部分挖方工程单价，承包人提出，工程量相差 10 倍，施工方法必须改变，因此要求改变工程量价格单中的单价，这一索赔是合理的。

3. 不利的自然条件

当超出合同文件规定，并且是一个有经验的承包人无法预料的不利的自然条件，承包人可以提出索赔。例如某地下隧洞施工中发现，地下水流量超出了合同文件注明的最大流量的 20 倍，使得承包人增加水泵、更换变压器并增加值班人员，引起索赔。

4. 发包人承担的风险

在工程施工合同实施过程中，应由发包人承担的工程风险责任主要有：发包人负责的工程设计不当造成的损失和损坏；由于发包人责任造成工程设备的损失和损坏；发包人和承包人均不能预见、不能避免并不能克服的自然灾害造成的损失和损坏，但承包人迟延履行合同后发生的除外；战争、动乱等社会因素造成的损失和损坏，但承包人迟延履行合同后发生的除外；其它由于发包人原因造成的损失和损坏。如果出现这类风险，承包人可以向发包人索赔。比如承包人要有充裕的时间对图纸进行消化，制订施工方案、备料及进行施工前的准备，如果图纸提供不及时而使承包人蒙受误期或费用增加时，承包人会提出索赔。

为规避自然灾害风险，采用保险是一种可靠的选择。在许多合同中承包人以项目法人和承包人共同的名义投保工程一切险，由自然灾害造成的损失就可向承担保险的保险公司索赔。此外，承包人还可要求发包人顺延工期。

战争灾难、暴乱、核装置的污染等属于特殊风险，由于这些特殊风险产生后果可能是严重的，遇到这种风险，承包人可向发包人索赔其可能得到的一切合理偿付。

5. 发包人违约

合同中规定了发包人应承担的义务，如果发包人违约，势必造成承包人工期的延误或成本的增加，承包人有权提出索赔。例如，承包人在开工后进场施工，本应由发包人准备的场内外交通公路还没完工，迫使承包人改为公路运输等等，承包人有权提出索赔。

6. 干扰正常施工程序

在工程施工过程中，监理人根据施工现场的情况，往往会指令增加新工作，改变建筑材料，暂停或加速施工等，或由于监理人员协调工作做得不好，使承包人的正常施工程序受到干扰，工效降低，引起承包人的索赔。如小浪底水利工程一边坡的开挖过程中，由于断层带裂隙发育，地质条件复杂，造成这一地段的不稳定，为此监理人决定在此边坡上新增五根抗滑桩，这一项工作的实施将使承包人在以后边坡的下挖中生产效率降低，故引起承包人索赔。比如另一工程，进行边坡开挖的承包人开挖的石渣堵塞了隧洞施工承包人的进出通道，引起隧洞施工停工，导致工期延误和费用增加，隧洞施工承包人提出索赔。

（三）索赔的作用

1. 合理分担风险

项目实施过程中，可能会面临各种各样的风险，其中有些风险是可以防范避免的，有些风险虽不可避免但却可以降至最低限度，因此，在工程实施和合同执行过程中，就有风险合理分摊问题。一般来说，施工合同中双方对应承担的责任都做出了合理的分摊，但即使一个编制得十分完善的合同文件，也不可能对工程实施过程中可能遇到的风险都做出正确的预测和合理的规定，当这种风险在实际上给一方带来损失时，遭受损失的一方就可以向另一方提出索赔要求。

承包人的目的是获取利润，如果合同中不允许索赔，承包人将会在投标时普遍抬高标价，以应付可能发生的风险，允许索赔对双方都是有益的。严格来说索赔是项目实施阶段承包人和发包人之间承担工程风险比例的合理再分配。FIDIC合同条件把索赔视为正常的、公正的、合理的，并写明了索赔的程序，制定了涉及索赔事项的具体条款与规定，使索赔成为承包人与发包人双方维护自身权益、解决不可预见的分歧和风险的途径，体现了合理分担风险的原则。

2. 约束双方的经济行为

在工程建设项目实施过程中，任何一方遇到损失，提出索赔都是合情合理的。索赔对保证合同的实施，落实和调整合同双方经济责任和权利关系十分有利。在合同规定下，索赔能约束双方的经济行为。首先发包人的随意性受到约束，发包人不能认为钱是自己的想怎么给就怎么给；对自己的工程想怎么改就怎么改；对应给承包人的条件想怎么变就怎么变。工程变更一次，就给承包人一次索赔的借口，变更越多，索赔量越大。而承包人的随意性也同样受到约束，拖延工期、偷工减料及由此而造成的损失，发包人都可以向承包人提出索赔。任何一方违约都要被索赔，他们的经济行为在索赔的"压力"下，都要受到约束。因此，要求双方在项目建设中，从条款谈判到合同签订以及具体实施直至最后工程决算，各个环节都要严格约束自己，因为任何索赔都会令工程投资增加，或承包人利润减少甚至亏本。

二、施工索赔的类型

（一）按索赔有关当事人分类

1. 承包人向发包人提出的施工索赔

当承包人并非自身的原因而造成成本增加或工期延误，承包人可根据合同条款的有关规定，向发包人提出索赔要求。承包人从签署合同协议书以后，至他出具的同意与发包人解除合同关系的"结清单"生效以前，都拥有索赔的权利。

例如小浪底水利枢纽工程三个国际标投标截止后，按FIDIC合同条件规定，从1993年8月31日及以后开始正式实施的新的法规或对法规的变更所产生的额外费用，发包人都应加以补偿。1995年国家颁布了新的劳动法，自1995年5月1日起实行一周5天

（40h）工作制，劳动工作制发生了很大的变化，一方面是对劳动者工作时间进行了限制，一方面是加班工资报酬标准的改变。承包人在总工作时间不改变的情况下，加班工作时间的比重加大了。据此承包人向发包人提出了巨额的费用索赔。

2. 承包人与分包人之间的索赔

对于大型承包工程，采取专业分包是广泛而有效的办法。总承包人的索赔工作往往涉及分包人所承担的工作部分，索赔项中也包括了分包工程的索赔款项。但引起分包工程索赔有发包人的原因，往往也有总承包人的原因，所以分包人对发包人和对总承包人的索赔要分别进行。对发包人的索赔要求，可由总承包人纳入索赔要求，一起交给发包人，而分包人对总承包人的索赔则由他们之间进行协商。

例如小浪底水利枢纽工程，某工作面上分包方一名中国工人在施工中掉了 4 颗钉子，外方管理人员马上派人拍照。不久，分包人收到承包人索赔意向通知，因浪费材料被索赔 28 万元。28 万元？能买多少钉子！外方是这样计算的，一个工作面掉 4 颗钉子，1 万个工作面就是 4 万颗钉子，钉子从买回到投放于施工中，经历了运输、储存、管理等 11 个环节，成本便翻了 32 倍。

3. 承包人向保险公司提出的损害赔偿索赔

风险是客观存在的，再好的合同也不可能把未来风险都事先划分、规定好，有的风险就是预测到了，但由于种种原因，双方承担此风险的责任也不好确定，因此，采用保险是一种可靠的选择。例如，有一栋高层建筑地下基坑施工时，由于软基层比原勘探时严重，造成开挖后地下淤泥塑性流动，致使邻近楼房开裂和不均匀沉陷，引起受损楼房业主与施工承包人发生索赔纠纷。因承包人事先向保险公司投保了第三者责任险，保险公司赔偿其第三者责任损失费用 80 多万元，为该承包人按时、按质量的完成工程奠定了基础。

（二）按索赔目的分类

1. 工期索赔

工程建设项目的工期在合同中已经明确，承包人的责任就是按期完工。由于非承包人责任的原因而导致工程延期，承包人要求批准展延合同工期的索赔，称之为工期索赔。

工程延期对合同双方都会造成一定的损失，发包人因工程不能及时交付使用，不能按计划实现投资目的，失去盈利机会；承包人则因工程延期而增加管理成本及其它费用支出。对于大型水利工程，投资大，工期长，但一旦建成投产，收益是巨大的，若工程延期，则项目法人的直接和间接损失很大，一般项目法人愿意花合适的额外投资以获得进度的加快。

2. 费用索赔

费用索赔是施工索赔的重点，工期索赔在很大程度上也是为了费用索赔。费用索赔的目的是要求经济补偿，经济补偿的核心问题是，承包人该不该得到赔偿，这主要应符合条款所规定的依据和程序。如果承包人应当得到补偿，则补偿金额应该是多少，这个问题则需要进行具体分析。

三、索赔的程序

索赔事件发生后，承包人从提出索赔意向通知开始，至索赔事项的最终解决，大致可分为以下几个阶段。

（一）承包人提出索赔要求

1. 索赔意向通知书

由于非承包人责任的事件发生，导致工期拖延或施工成本增加时，承包人一方面要遵照监理人指令进行施工，另一方面应在索赔事件发生后 28 天内，以书面形式向发包人和监理人发出索赔意向通知书。索赔意向通知书并不是正式的索赔报告，只是通报发包人和监理人某一不应由他承担责任事件的发生，对他的权益造成了损害，提出索赔要求。如果承包人没有在规定的时间内提出索赔意向，就失去了该项事件请求补偿的索赔权利。

2. 现场同期记录

索赔要取得成功，必须具备一个十分重要的条件，即保持同期记录。这些记录不是几个典型的例证，而是该索赔事件直接的、系统的证据。从索赔事件发生之日起，承包人应做好现场条件和施工情况的同期记录，内容包括：事件发生的时间，持续时间内的气象记录，每天投入的人工、设备和物料情况，以及每天完成的施工任务等。

3. 索赔申请报告

发出索赔意向通知书后 28 天内，承包人应抓紧准备索赔证据资料，向监理人提出补偿经济损失和（或）延长工期的索赔申请报告，详细说明索赔理由和索赔费用计算依据，并应附必要的当时记录和证明材料。

承包人提供的证据资料可包括：

（1）合同文件。

（2）监理人批准的施工进度计划。

（3）来往信件，信件的签发日期。

（4）施工的备忘录。

（5）会议的记录。

（6）工程照片及其拍摄日期、部位。

（7）工程记录表、施工人员、气候、施工人员计划及人工日报表。

（8）中期支付工程进度款的单证。

（9）工程检查及验收报告。

（10）与发包人、监理人员的谈话、记录，施工用材料、机械设备的试验报告。

索赔申请报告的内容应包括：

（1）索赔事件的整体描述。包括发生索赔事件的工程项目，索赔事件的起因、发生时间、发展经过以及承包人为努力减轻损失所采取的措施。

（2）索赔要求。

（3）索赔的合同引证。包括合同依据条款以及对责任和风险归属的分析，这些资料应尽可能地完整，具有法律证明效力。

（4）索赔计算书。包括计算依据、计算方法、取费标准及索赔额和工期展延天数计算过程的详细说明。

（5）支持文件。包括发生索赔事件的当时记录等。

（6）其它合同文件。

如果索赔事件的影响持续存在，28 天内还不能算出索赔额和工期展延天数时，承包人应按监理人要求的合理时间间隔列出索赔累计金额和提出中期索赔申请报告，并在该项索赔事件影响结束后的 28 天内，向发包人和监理人提交包括最终索赔金额、延续记录、证明材料在内的最终索赔申请报告。

（二）监理人员审查索赔申请报告

1. 监理人员审核承包人的索赔申请报告

接到承包人的索赔意向通知后，监理人员应收集一切与索赔处理有关的资料，包括会议记录、来往信函、招标文件、合同条件、技术规范、施工图纸等有关资料。从收集的资料中了解索赔事件的来龙去脉，为以后的索赔工期分析和费用计算准备基础数据和评估依据。

在接到索赔申请报告后，监理人员应认真研究承包人报送的索赔资料，必要时可要求承包人进一步补充索赔理由和证据，并结合自己收集的资料，公正、客观地分析事件发生的原因。索赔事件发生的原因可能是多方面的，有时是承包人的原因，有时是发包人和监理人的失误，有时是承包人与发包人或监理人都负有一定责任，监理人员应依据合同条款划清各方应承担责任的比例。责任划分以后，监理人员应根据已收集完整的、有效的（经合同双方签字）同期记录，对索赔事件发生的工程量进行计算。最后审查承包人提出的索赔补偿要求，主要是审查和分析承包人的计算原则、计算方法，剔除其中不合理部分，计算合理的工期展延天数和索赔额。

2. 索赔成立条件

（1）针对承包人的索赔要求，分析该项索赔事件真正造成了承包人的损失，已具备合同依据。

（2）索赔事件的原因非承包人的责任。

（3）承包人的索赔程序符合要求。

（三）协商补偿

监理人员审核承包人的索赔申请报告后，提出自己的意见，初步确定应予补偿的工期和索赔额，这与承包人计算的往往不一致，有时甚至相差较大。主要原因大多是对承担事件损害责任的界限划分不一致；承包人索赔证据不充分；索赔计算的依据和方法有较大分歧等。在承包人提交的索赔申请报告和最终索赔申请报告后的 42 天内，监理人与发包人和承包人充分协商后做出决定，在上述时限内将索赔处理决定通知承包人，并抄送发包人。

（四）合同双方对索赔处理确认

发包人和承包人应在收到监理人的索赔处理决定后 14 天内，将其是否同意索赔处理决定的意见通知监理人。若双方均接受监理人的决定，则监理人应在收到上述通知后的 14 天内，将确定的索赔金额列入付款证书中支付；若双方或其中任何一方不接受监理人的决定，则双方均可按规定提请争议评审组评审。在争议尚未按规定解决之前，承包人仍应继续按监理人的指示认真施工。

（五）争议的解决

争议的解决可通过争议调解、友好解决、仲裁或诉讼。

水利工程施工合同实施过程中，监理人根据发包人的授权负责现场合同管理，监理人在客观上处于第三方的地位，按发包人和承包人签订的合同处理双方的争议，但由于监理人受聘于发包人，其行为常常受制于发包人。虽然在合同条件中以专门的条款规定了监理人必须公正地履行职责，但在实际运作中，监理人的公正性常受到承包人的质疑，而削弱了监理人在处理合同争议中的权威性。为此，水利工程施工合同示范文本吸取国际工程经验引入了合同争议的调解机制，通过一个完全独立于合同双方的专家组对合同争议的评审和调解，求得争议的公正解决。争议调解组由 3（或 5）名有合同管理和工程实践经验的专家组成，专家的聘请方法可由发包人和承包人共同协商确定，亦可请政府主管部门推荐或通过行业合同争议调解机构聘请，并经双方认同，争议调解组成员应与合同双方均无利害关系。

1. 争议调解

调解是将合同双方的争议提交争议调解组，争议调解组在不受任何干扰的情况下，进行独立和公正的评审，提出由全体专家签名的评审意见，若发包人和承包人接受争议调解组的评审意见，则应由监理人按争议调解组的评审意见拟订争议解决议定书，经争议双方签字后作为合同的补充文件，并遵照执行。若发包人和承包人或其中任一方不接受争议调解组的评审意见，并要求提交仲裁，任一方均可在收到上述评审意见后的 28 天内将仲裁意向通知另一方，并抄送监理人。若在上述 28 天期限内双方均未提出仲裁意向，则争议调解组的评审意见为最终决定，双方均应遵照执行。

2. 友好解决

发包人和承包人或其中任一方按规定发出仲裁意向通知后，争议双方还应共同作出努力直接进行友好磋商解决争议，亦可提请政府主管部门或行业合同争议调解机构调解以寻求友好解决。

3. 仲裁或诉讼

发包人和承包人在签订协议书的同时，应共同协商确定合同的仲裁范围和仲裁机构，并签订仲裁协议。若在仲裁意向通知发出后 42 天内仍未能解决争议，则任何一方均有权将争议提交仲裁协议中规定的仲裁机构仲裁。

发包人和承包人因合同发生争议，未达成书面仲裁协议的，任一方均有权向人民法院起诉。即若合同双方已有书面仲裁协议，一方向人民法院起诉时，人民法院不予受理；而没有书面仲裁协议的，仲裁机构不予受理，只能向人民法院起诉。

四、索赔工期计算

（一）工程延期分析

形成工程延期的原因是多方面的，在工程实践中，将工程延期分为不可原谅的延期和可原谅的延期，以此作为承包人工期索赔是否成立的前提。因承包人责任原因的施工进度滞后，属于不可原谅的延期；非承包人责任原因的进度延误，属于可原谅的延期，只有可原谅的延期才能批准展延合同工期。可原谅的延期又细分为可原谅并给予补偿费用的延期和可原谅但不给予补偿费用的延期。前者纯属发包人原因造成，后者纯属自然灾害的原因造成，故承包人只能提出延长工期的要求，不能提出费用索赔要求。

监理人进行延期批准时应注意，任何额外延期都可能造成项目法人投资增加，但是拒绝承包人的合理要求，会引起承包人费用索赔，而且监理人必须在合理的时间内做出决定，否则，承包人可声称被迫加快工程作业而索赔。

1. 不可原谅的延期

不可原谅的延期是由于承包人本身的责任造成的工期延误，如施工组织协调不好，人力不足，承包人提供的设备进场晚，劳动生产率低，工程质量不符合施工规程的要求而造成返工等等。出现不可原谅的延期，按照合同规定，承包人将付违约罚金。

2. 可原谅的延期

由于非承包人责任的原因而导致工程延期，属于可原谅的延期。引起可原谅延期的因素很多，如：天气异常、不可抗拒的天灾、发包人改变设计、发包人未及时提供施工进场道路，地质条件恶劣、施工条件变化等。只有承包人不承担任何责任的可原谅延期，才能满足其工期索赔的要求，但要注意索赔成立事件所造成的工程延期是否发生在关键工作（序）。

（1）工期延误发生在关键工作上。由于关键工作的工作持续时间决定了整个施工的工期，发生在其上的工期延误会造成整个工期的延误，应据实给予承包人相应的工期补偿。

（2）工期延误发生在非关键工作上。若该非关键工作的延误时间不超过总时差，则网络进度计划的关键路线未发生变化，总工期不变，承包人在工期上没有损失，工期索赔不成立（注：此时仍然可能存在费用索赔的问题）。若该非关键工作的延误时间已超出了其总时差的范围，则关键路线就发生了变化，非关键路线转化为了关键路线，从而总工期延长，此时承包人应得到工期的补偿。根据网络进度计划原理，其补偿的工期应等于延误时间与总时差的差额。

（二）索赔工期计算方法

1. 干扰事件影响关键工作

关键路线上的工作为关键工作，关键路线上任何一项工作延误了，都会影响总工期，影响的天数，就是工期索赔的天数。

2. 干扰事件影响几项工作

干扰事件影响了好几项工作，有的工作是关键工作，有的工作是非关键工作，影响天数一下算不出来。按以下步骤求索赔工期：先计算事件对工作的影响天数，然后将变化后的各工作时间放入网络进度计划中，计算受影响后的总工期，受影响后的总工期减去原工期，即为工期索赔的天数。

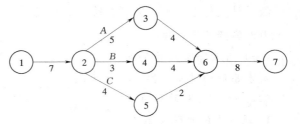

图 11-1　某工程网络进度计划

【例 11-1】　某工程网络进度计划如图 11-1，计划工期为 24 天。由于非承包商的原因，A 工作实际用了 9 天，延期 4 天，B 工作实际用了 8 天，延期 5 天，C 工作实际用了 8 天，延期 4 天。计算工期索赔的天数。

分析路线：1-2-3-6-7　原计划用 24 天，实际用了 28 天；
　　　　　　1-2-4-6-7　原计划用 22 天，实际用了 27 天；
　　　　　　1-2-5-6-7　原计划用 21 天，实际用了 25 天。

计划工期为：24 天

实际工期为：28 天

故工期索赔天数为：28－24＝4（天）

3. 干扰事件影响重叠

当同时发生几件干扰事件，并都引起了工期延误，在具体日期上出现重叠情况。这时分析的原则是：当不可原谅与可原谅的延期重叠时，以不可原谅的工期延误计；当可原谅延误互相重叠时，工期延长只计一次。

【例 11－2】   某水利工程施工中，发生了设备损坏、大雨、图纸供应延误等 3 个事件，都造成了工期延误，分别是 6 天（7 月 1～6 日）、9 天（7 月 4～12 日）和 7 天（7 月 9～15 日）。试分析其应延长的工期天数。

责任分析

设备损坏是承包人的过失，属不可原谅的工期延误，后两事件分别为不可预见及项目法人承担的风险，属可原谅的工期延误，应予以工期赔偿。

工期补偿天数计算

设备损坏的延误：

1	2	3	4	5	6

大雨的延误：

4	5	6	7	8	9	10	11	12

图纸供应误期的延误：

9	10	11	12	13	14	15

（1）1～3 日为不可原谅延误，不予赔偿。

（2）4～6 日为不可原谅延误与可原谅延误的重叠期，按不可原谅延误计，不予赔偿，即如果不下大雨，设备坏了也无法施工。

（3）7～8 日为可原谅延误，补偿 2 天。

（4）9～12 日为两个可原谅延误重叠，可予以赔偿，但只计一次，故补偿 4 天。

（5）13～15 日为可原谅延误，补偿 3 天。

故总计应补偿 9 天，即延长竣工期 9 天。

五、索赔费用计算

（一）可索赔费用的组成

可索赔费用具体内容见图 11－2。

（二）不可索赔的费用

1. 承包人的索赔准备费用

每项索赔，从预测索赔机会、保持同期记录、提交索赔意向通知书、进行成本和时间分析，到提交正式索赔申请报告、进行索赔谈判，直至达成索赔处理协议，承包人需要做大量认真细致的准备工作。有时，这个索赔的准备和处理过程还会比较长，而且发包人和监理人也可能提出许多这样那样的问题，承包人可能需要聘请

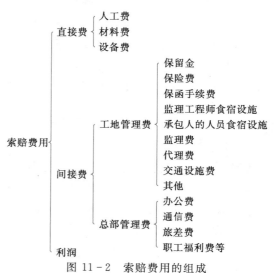

图 11-2   索赔费用的组成

专门的索赔专家来进行索赔的咨询工作。所以索赔准备费用可能是承包人的一项不小的开支。通常都不允许承包人对这种费用进行索赔。从理论上说，索赔准备费用是作为现场管理费的一个组成部分得到补偿的。

2. 索赔的金额在处理期间的利息

通常索赔处理有一个过程，一般情况下，不允许对索赔处理期间的利息进行索赔。实际工作中，还有从索赔事项的发生至承包人提出索赔期间的利息问题；索赔处理发生争议并提交仲裁期间的利息问题，这些利息是否可以索赔，是发包人、监理人和承包人之间非常容易发生分歧的领域，要根据适用法律和仲裁规则等来确定。

3. 因承包人不适当的行为而扩大的损失

如果发生了索赔事件，承包人负有采取措施尽量减少损失的义务，若承包人不采取任何措施致使损失扩大，扩大部分的损失无权要求索赔。承包人采取的措施可能是保护未完工程、合理及时地重新采购器材、及时取消订货单、重新分配施工力量（人员和材料、设备）等，承包人的措施费用，可以要求发包人给予补偿。比如，某单位工程暂时停工，承包人可以将施工人员和设备调往其它工作项目，如果承包人能够做到而没有做，则他就不能对因此而闲置的人员和设备的费用进行索赔。

（三）索赔费用的计算方法

1. 分项法

分项法也称实际费用法。它是以承包人为某项索赔事件所支付的实际开支为依据，分别分析计算索赔值的方法。这种方法能客观地反映承包人的费用损失，比较合理、科学，被国际工程界广泛采用。其计算通常分三步：

（1）分析索赔事件所影响的费用项目，这些费用项目通常应与合同报价中的费用项目一致。

（2）计算每个费用项目受索赔事件影响后的索赔值。

（3）将各费用项目的索赔值汇总，得到总费用索赔值。

例如万家寨水利枢纽工程索赔管理中，大多采用实际计算法，以承包人实际增加的支出为依据，每一项工程索赔费用仅限于由于索赔事项引起的超过原计划的额外费用。

2. 总费用法

当发生多项索赔事件后，多项索赔互相牵连、互为因果，难于或不可能精确地计算出损失金额。可通过重新计算出该工程的实际总费用，再从这个实际总费用中减去投标报价时的估算总费用，即为索赔金额。

$$索赔金额＝实际总费用－投标报价估算费用$$

这种计算方法应在一定的条件下才被采用，因为实际发生的总费用中，可能包括了由于承包人的原因（如组织不善、工效太低、浪费材料等）而增加的费用；还可能投标报价时的估算费用因竞争得标而过低。

3. 修正总费用法

修正总费用法是通过去掉一些不合理的因素，对总费用法进行修正。

$$索赔金额＝某项工作调整后的实际总费用－该项工作调整后的报价费用$$

第二节　案　例　分　析

案例一

背景材料

某工程项目法人与施工单位已签订了工程施工合同，工程未进行投保。在工程施工过程中，遭受暴风雨不可抗力袭击，造成了相应的损失，施工单位及时向监理人提出索赔要求，并附索赔有关的资料和证据，索赔申请报告基本要求如下：

（1）遭暴风雨袭击是因非施工单位原因造成的损失，故应由项目法人承担赔偿责任。

（2）给已建部分工程造成破坏，损失计18万元，应由项目法人承担修复的经济责任，施工单位不承担修复的经济责任。

（3）施工单位人员因此灾害数人受伤，处理伤病医疗费用和补偿金总计3万元，项目法人应给予赔偿。

（4）施工单位进场的正在使用的机械、设备受到损坏，造成损失8万元，由于现场停工造成台班费损失4.2万元，项目法人应负担赔偿和修复的经济责任。工人窝工费3.8万元，项目法人应予以支付。

（5）因暴风雨造成现场停工8天，要求合同工期顺延8天。

（6）由于工程破坏，清理现场需费用2.4万元，项目法人应予以支付。

？问题

（1）不可抗力发生风险承担的原则是什么？

（2）对施工单位提出的要求如何处理？

参考答案

1. 不可抗力发生风险承担的原则

（1）工程本身的损害由项目法人承担。

（2）人员伤亡由其所属单位负责，并承担相应费用。

（3）造成施工单位机械、设备的损坏及停工等损失，由施工单位承担。

（4）所需清理、修复工作的费用，由项目法人承担。

（5）工期给予顺延。

2. 索赔申请报告中的六项基本要求处理方法

（1）经济损失由双方分别承担，工程延期应予签证顺延。

（2）工程修复、重建18万元工程款应由项目法人支付。

（3）索赔不予认可，由施工单位承担。

（4）索赔不予认可，由施工单位承担。

（5）应予认可，顺延合同工期8天。

（6）由项目法人承担。

案例二

◀ 背景材料

某堤防工程，项目法人委托监理单位进行施工阶段监理。该工程在施工过程中，陆续发生了如下索赔事件（假设索赔工期与索赔费用数据均符合实际）：

（1）电力部门通知，施工用电变压器在开工4天后才能安装完毕。承包人提出工期延期4天。

（2）由铁路部门运输的4台属于施工单位自有的施工主要机械，在开工后7天才能运到施工现场。承包人提出工期延期7天。

（3）施工期间，承包人发现施工图纸有误，需设计单位进行修改，由于图纸修改造成停工10天。承包人提出工期延期10天与费用补偿1万元的要求。

（4）施工期间因下雨，为保证土堤填筑质量，总监理工程师下达了暂停施工指令，共停工10天，其中连续4天出现低于工程所在地雨季平均降雨量的雨天气候和连续6天出现50年一遇特大暴雨。承包人提出工程延期10天与费用补偿2万元的要求。

（5）由于项目法人的要求，把原设计中的一排水闸加宽0.5m，监理工程师向承包人下达了变更指令，承包人收到变更指令后及时向该排水闸的分包人发出了变更通知。分包人及时向承包人提出了索赔申请报告，报告内容包括：

1）由于排水闸宽度增加，需增加费用8万元和分包合同工期延期15天的索赔；

2）此设计变更前因承包人未按分包合同约定提供施工场地，导致工程材料到场二次倒运增加费用1万元和分包合同工期延期10天的索赔。

承包人以已向分包人支付索赔款9万元的凭证为索赔证据，向监理工程师提出要求补偿该笔费用9万元和延长工期25天的要求。

（6）由于某段土堤基底是淤泥，根据设计文件要求需挖除，但开挖后发现地基情况与地质报告不符，需加大开挖深度。为此承包人提出工程延期10天与费用补偿6万元的要求。

？ 问题

针对承包人提出的上述索赔要求，监理工程师应如何签署意见？

✎ 参考答案

（1）外网电力供应属于项目法人负责，工期延期4天应予认可。

（2）施工单位自有机械延误属于施工单位负责，工期延期不予认可。

（3）这是非承包人原因造成的，监理工程师应批准工期补偿和费用补偿。

（4）由于异常恶劣气候造成的6天停工是承包人不可预见的，应签证给予工期补偿6天，而不应给予费用补偿。

对于低于雨季正常雨量造成的4天停工是承包人应该预见的，故不应该签证给予工期补偿和费用补偿。

（5）监理工程师应批准由于设计变更导致的费用补偿8万元和工期补偿15天，因其属于项目法人责任；不应批准材料倒运增加的费用补偿1万元和工期补偿10天，因其属于承包人责任。

（6）施工条件变化属于项目法人承担风险，应签证给予工期补偿10天和费用补偿6万元。

案例三

背景材料

某工程建设项目的施工合同总价为 5000 万元，合同工期为 12 个月，在施工后第 3 个月，由于发包人提出对原设计进行修改，使施工单位停工待图 1 个月。在基础施工时，承包人为保证工程质量，自行将原设计要求的混凝土强度由 C18 提高到 C20。工程竣工结算时，承包人向监理人提出费用索赔如下：

（1）由于发包人修改设计图纸延误 1 个月的有关费用损失：

1）人工窝工费用＝月工作日×日工作班数×延误月数×工日费×每班工作人数

$$＝20×2×1×30（元）×30$$

$$＝3.6（万元）$$

2）机械设备闲置费用＝月工作日×日工作班数×每班机械台数

×延误月数×机械台班费

$$＝20×2×2×1×600（元）$$

$$＝4.8（万元）$$

3）现场管理费＝合同总价÷工期×现场管理费率×延误时间

$$＝5000÷12×1\%×1$$

$$＝4.17（万元）$$

4）公司管理费＝合同总价÷工期×公司管理费率×延误时间

$$＝5000÷12×6\%×1$$

$$＝25（万元）$$

5）利润＝合同总价÷工期×利润率×延误时间

$$＝5000÷12×5\%×1$$

$$＝20.83（万元）$$

合计：3.6＋4.8＋4.17＋25＋20.83＝58.4（万元）

（2）由于基础混凝土强度的提高导致费用增加 10 万元。

问题

（1）监理人是否同意接受承包人提出的索赔要求？为什么？

（2）如果承包人按照规定的索赔程序提出了上述索赔要求，监理人是否同意承包人所提索赔费用的计算方法？

（3）假定经双方协商一致，机械设备闲置费索赔按台班单价的 65\% 计；考虑对窝工人员应合理安排从事其他作业后的降效损失，窝工人工费索赔按每工日 10 元计；管理费补偿；利润损失不予补偿。试确定费用索赔额。

（4）监理人做出的索赔处理是否对当事人双方有强制性约束力？

参考答案

（1）监理人不同意接受承包人的索赔要求。因为不符合一般索赔程序。通常，承包人应当在索赔事件发生后的 28 天内，向监理人提交索赔意向通知。如果超过这个期限，监理人和发包人有权拒绝其索赔要求。本工程承包人是在竣工结算时才提出该项索赔要求，显然已超过索赔的有效期限。

(2) 监理人对所提索赔额的处理意见：

1) 由于发包人图纸延误造成的人工窝工及机械闲置费用损失，应给予补偿。但原计算方法不当，人工费不应按工日计算，机械费用不应按台班费计算，而应按人工及机械的闲置（机械折旧费或租赁费）计算。若人工或机械安排从事其他工作，可考虑生产效率下降而导致的费用增加。

2) 管理费的计算（公司管理及现场管理费）不能以合同总价为基数乘以相应费率，而应以直接费用为基数乘以费率来计算。

3) 利润已包括在各项工程内容的价格内，除工程范围变更和施工条件变化引起的索赔可考虑利润补偿外，由于延误工期并未影响削减某项工作的实施而导致利润减少，故不应再给予利润补偿。

4) 由于提高基础混凝土强度而导致的费用增加，是属于承包人本身所采取的技术措施，不是发包人的要求，也不是设计、合同及规范的要求，所以这部分费用应由承包人自行承担。

(3) 费用索赔计算：

1) 人工窝工费用＝月工作日×日工作班数×延误月数×降效费×每班工作人数

$$=20×2×1×10（元）×30$$

$$=1.2（万元）$$

2) 机械设备闲置费用＝月工作日×日工作班数×每班机械台数

×延误月数×机械折旧费

$$=20×2×2×1×600（元）×65\%$$

$$=3.12（万元）$$

3) 管理费计算：

合同总价：$A=5000$ 万元

扣除利润：$A=B+B×5\%$ ∴ $B=A÷（1+5\%）=5000÷（1+5\%）=4761.90（万元）$

扣公司管理费：$C=B÷（1+6\%）=4761.90÷（1+6\%）=4492.36（万元）$

扣现场管理费：$D=C÷（1+1\%）=4492.36÷（1+1\%）=4447.88（万元）$

应补偿现场管理费＝直接费用÷工期×现场管理费率×延误时间

$$=4447.88÷12×1\%×1$$

$$=3.71（万元）$$

应补偿公司管理费＝（直接费用＋现场管理费）÷工期×公司管理费率×延误时间

$$=（4447.88+3.71）÷12×6\%×1$$

$$=22.26（万元）$$

4) 利润不予补偿。

费用索赔合计：$1.2+3.12+3.71+22.26=30.29（万元）$

(4) 监理人做出索赔处理，对发包人及承包人都不具有强制性的约束力。如果任何一方认为该处理决定不公正，都可提请监理人重新考虑，或向监理人提供进一步的证明，要求监理人作适当的修改、补充或让步。如监理人仍坚持原决定，或承包人对新的决定仍不同意，可按合同中有关条款，提请争议评审组评审。

案例四

背景材料

某工程，项目法人与承包人签订了施工合同。施工合同的专用合同条款规定：钢材、木材、水泥由甲方供货到现场仓库，其它材料由承包人自行采购。

当工程施工需给框架柱钢筋绑扎时，因甲方提供的钢筋未到，使该项作业从10月3日～10月16日停工（该项作业的总时差为零）。

10月7日～10月9日因停电、停水使砌砖工作停工（该项作业的总时差为4天）。

10月14日～10月17日因砂浆搅拌机发生故障使抹灰工作迟开工（该项作业的总时差为4天）。

为此，承包人于10月18日向监理人提交了一份索赔意向书，并于10月25日送交了索赔报告。其工期、费用索赔计算如下：

1. 工期索赔

框架柱钢筋绑扎	10月3日～10月16日停工	计14天
砌砖	10月7日～10月9日停工	计3天
抹灰	10月14日～10月17日停工	计4天
工期索赔总计		21天

2. 费用索赔

（1）窝工机械设备费：一台塔吊闲置费＝闲置天数×机械台班费＝14×234（元）＝3276（元）

一台混凝土搅拌机闲置费＝14×55（元）＝770（元）

一台砂浆搅拌机闲置费＝$(3+4) \times 24$（元）＝168（元）

小计：$3276+770+168=4214$（元）

（2）窝工人工费：扎筋窝工人工费＝工作人数×工日费×延误天数＝$35 \times 20.15 \times 14$＝9873.50（元）

砌砖窝工人工费＝$30 \times 20.15 \times 3=1813.50$（元）

抹灰窝工人工费＝$35 \times 20.15 \times 4=2821$（元）

小计：$9873.5+1813.5+2821=14508$（元）

（3）管理费增加＝$(4214+14508) \times 15\%=2808.3$（元）

（4）利润损失＝$(4214+14508+2808.3) \times 5\%=1076.52$（元）

费用索赔合计：$4214+14508+2808.3+1076.52=22606.82$（元）

问题

（1）承包人提出的工期索赔是否正确？应予批准的工期索赔为多少天？

（2）假定经双方协商一致，窝工机械设备费索赔按台班单价的65%计；考虑对窝工人工应合理安排工人从事其他作业后的降效损失，窝工人工费索赔按每工日10元计；管理费、利润损失不予补偿。试确定费用索赔额。

参考答案

1. 工期索赔

承包人提出的工期索赔不正确。

（1）框架柱绑扎钢筋停工 14 天，应予工期补偿。这是发包人原因造成的，且该项作业位于关键路线上。

（2）砌砖停工，不予工期补偿。因为该项停工虽属于发包人原因造成的，但该项作业不在关键路线上，且未超过工作总时差。

（3）抹灰停工，不予工期补偿，因为该项停工属于承包人自身原因造成的。

同意工期补偿：14＋0＋0＝14 天

2. 费用索赔审定

（1）窝工机械设备费：

一台塔吊闲置费＝闲置天数×机械台班费（扣除燃料费等）
$$=14×234×65\%=2129.4（元）\quad（只计折旧费）$$

一台混凝土搅拌机闲置费＝14×55×65％＝500.5（元）　（只计折旧费）

一台砂浆搅拌机闲置费＝3×24×65％＝46.8（元）　（因停电闲置可按折旧费计取）

因故障砂浆搅拌机停机 4 天应由承包人自行负责损失，故不给补偿。

小计：2129.4＋500.5＋46.8＝2676.7（元）

（2）窝工人工费：

扎筋窝工人工费＝工作人数×降效费×延误天数＝35×10×14＝4900（元）

（扎筋窝工由发包人原因造成，但窝工工人已做其他工作，只考虑降效费用。）

砌砖窝工人工费＝30×10×3＝900（元）

（砌砖窝工由发包人原因造成，但窝工工人已做其他工作，只考虑降效费用。）

抹灰窝工因系承包人责任，不应给予补偿。

小计：4900＋900＝5800（元）

（3）管理费一般不予补偿。

（4）利润通常因暂时停工不予补偿。

费用索赔合计：2676.7＋5800＝8476.7（元）

案例五

背景材料

某工程项目的施工网络计划如图 11-3 所示。在施工过程中，由于项目法人直接原因、不可抗力因素和施工单位原因对各项工作的持续时间产生一定的影响，其结果如表 11-1（正数为延长工作天数，负数为缩短工作天数），网络计划的计划工期为 84 天。由

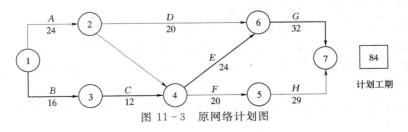

图 11-3　原网络计划图

于工作的持续时间的变化，网络计划的实际工期为 89 天，如图 11-4 所示。

表 11-1　　　　　　　　　　因各种原因延长工期

工作代号	项目法人原因延长（天）	不可抗力因素延长（天）	施工单位原因延长（天）	工作持续时间延长（天）	延长或缩短 1 天的经济得失（元/天）
A	0	2	0	2	600
B	1	0	1	2	800
C	1	0	−1	0	600
D	2	0	2	4	500
E	0	2	−2	0	700
F	3	2	0	5	800
G	0	2	0	2	600
H	3	0	2	5	500
合计	10	8	2	20	

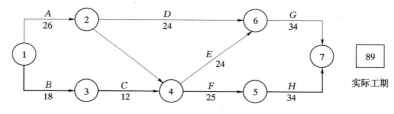

图 11-4　实际网络计划图

? 问　题

（1）确定网络计划图 11-3 和图 11-4 的关键线路。

（2）根据表 11-1 延长合同工期 20 天或按实际工程延长合同工期 5 天是否合理？为什么？

（3）监理工程师应签证延长合同工期几天合理？为什么？（用网络计划图表示）

（4）监理工程师应签证索赔金额多少合理？为什么？

参考答案

（1）图 11-3 的关键线路是 B→C→E→G 或 ①→③→④→⑥→⑦；图 11-4 的关键线路为 B→C→F→H 或 ①→③→④→⑤→⑦。

（2）要求顺延工期 20 天不合理。因为其中包括了 2 天施工单位原因造成的工作持续时间延长，而且项目法人原因和不可抗力因素对工作持续时间的影响不全在关键线路上。

要求顺延工期 5 天也不合理。因其中包含了施工单位自身原因所造成的工作持续时间的延长和缩短。

（3）由非施工单位原因造成的工期延长应给予延期，用网络计划图 11-5 表示。应签证顺延的工期为 90－84＝6（天）。

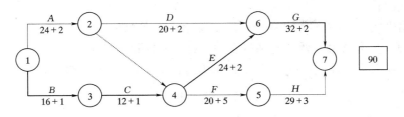

图 11－5　网络计划图

（4）不可抗力因素所造成的经济损失不补偿，只补偿工期。费用索赔只考虑因项目法人原因所造成的经济损失部分：

$$800＋600＋2×500＋3×800＋3×500＝6300（元）$$

习　　题

单项选择题

1. 施工索赔是指当事人在实施合同中，因（　　）向对方提出索赔要求。

A. 由于第三方的过错；B. 对方必定有过错；C. 虽未发生损失，但对方有过错；D. 发生了损失，且由对方承担责任。

2. 当施工现场出现天气异常时，承包人可以向发包人提出（　　）。

A. 延长工期；B. 不延长工期，仅索赔费用；C. 既延长工期，又索赔费用；D. 不能索赔。

3. 承包人向监理人发出索赔意向通知（　　）。

A. 即正式的索赔报告；B. 非正式的索赔报告；C. 是指口头形式的意向通知；D. 并非要求索赔。

4. 当监理人根据规定，对承包人同时给予费用补偿和工期展延时，（　　）。

A. 监理人的决定为最终决定；B. 发包人有权要求只增加费用补偿；C. 由监理人与发包人协商一致；D. 发包人不能改变监理人已下的决定。

5. 分包人在施工中受到非自己应承担责任原因事件的干扰而受到损害时，他应向（　　）提交索赔报告。

A. 发包人；B. 总承包人；C. 监理人；D. 其他分包人。

6. 现场施工过程中，因甲承包人的分包人施工延误，导致乙承包人不能按批准的进度计划施工，对此损害事件，乙承包人应向（　　）递送索赔文件。

A. 发包人；B. 甲承包人；C. 监理人；D. 甲承包人的分包人。

7. 由发包人指定的分包人，在施工中受到非自己应承担责任原因事件的干扰而受到损害时，他应向（　　）提交索赔报告。

A. 发包人；B. 总承包人；C. 监理人；D. 其他分包人。

8. （　　）不能作为索赔的证据。

A. 各种会议纪要；B. 双方的往来信件；C. 口头形式的承诺；D. 招标文件。

9. 在索赔事件发生后的 28 天内，承包人必须向监理人提出书面的（　　　），否则就丧失了索赔权利。

A. 索赔事实；B. 索赔意向通知；C. 索赔依据；D. 索赔报告。

10. 当（　　　）之后，承包人根据合同进行索赔的权力终止了。

A. 递交竣工移交证书；B. 接受解除缺陷责任证书；C. 递交竣工移交报表；D. 递交书面结清单。

参 考 文 献

1 GF—2000—0208《水利水电工程施工合同和招标文件示范文本》上、下册．北京：中国水利水电出版社，中国电力出版社，2000
2 李新军．水利水电建设监理工程师手册（上册）．北京：中国水利水电出版社，1998
3 GF—2000—0211《水利工程建设监理合同示范文本》．北京：中国水利水电出版社，2000
4 韦志立．水利工程建设监理培训教材．建设监理概论．北京：中国水利电力出版社，1996
5 丰景春．王卓甫．建设项目质量控制．北京：中国水利水电出版社，1998
6 聂相田．建设项目进度控制．北京：中国水利水电出版社，1998
7 韦志立 聂相田．建设监理概论．北京：中国水利水电出版社，2001
8 詹炳根．工程建设监理．北京：中国建筑工业出版社，2000
9 曲修山．全国监理工程师执业资格考试复习要点及习题．天津：天津大学出版社，1998
10 赵铁生．全国监理工程师执业资格考试题库与案例．天津：天津大学出版社，2002
11 全国监理工程师培训教材编写委员会．工程建设质量控制．北京：中国建筑工业出版社，1997
12 全国监理工程师培训教材编写委员会．工程建设进度控制．北京：中国建筑工业出版社，1997
13 全国监理工程师培训教材编写委员会．工程建设监理概论．北京：中国建筑工业出版社，1997

图书在版编目（CIP）数据

水利工程监理/张华主编 . —北京：中国水利水电出版
社，2004（2021.5重印）
普通高等教育"十五"国家级规划教材
ISBN 978 7 - 5084 - 1883 - 4

Ⅰ．水… Ⅱ．张… Ⅲ．水利工程-监督管理-高等学校-
教材 Ⅳ.TV523

中国版本图书馆 CIP 数据核字（2003）第 126778 号

书　　　名	普通高等教育"十五"国家级规划教材 **水利工程监理**
作　　　者	主编 张 华　　副主编 胡 焜
出 版 发 行	中国水利水电出版社 （北京市海淀区玉渊潭南路 1 号 D 座　　100038） 网址：www. waterpub. com. cn E - mail: sales@ waterpub. com. cn 电话：(010) 68367658（营销中心）
经　　　售	北京科水图书销售中心（零售） 电话：(010) 88383994、63202643、68545874 全国各地新华书店和相关出版物销售网点
排　　　版	中国水利水电出版社微机排版中心
印　　　刷	清淞永业（天津）印刷有限公司
规　　　格	184mm×260mm　16 开本　11.75 印张　279 千字
版　　　次	2004 年 2 月第 1 版　2021 年 5 月第 11 次印刷
印　　　数	28101—31600 册
定　　　价	**42.00 元**